电气自动化的发展与应用研究

何金祥　矫军秋　卢二梅　著

吉林科学技术出版社

图书在版编目（CIP）数据

电气自动化的发展与应用研究 / 何金祥，矫军秋，卢二梅著. -- 长春 : 吉林科学技术出版社，2023.3

ISBN 978-7-5744-0173-0

Ⅰ. ①电… Ⅱ. ①何… ②矫… ③卢… Ⅲ. ①电气控制系统—研究 Ⅳ. ① TM921.5

中国国家版本馆 CIP 数据核字 (2023) 第 056451 号

电气自动化的发展与应用研究

著　何金祥　矫军秋　卢二梅
出版人　宛　霞
责任编辑　王运哲
封面设计　树人教育
制　版　树人教育
幅面尺寸　185mm×260mm
开　本　16
字　数　230 千字
印　张　10.25
印　数　1-1500 册
版　次　2023年8月第1版
印　次　2023年10月第1次印刷

出　版　吉林科学技术出版社
发　行　吉林科学技术出版社
地　址　长春市福祉大路5788号
邮　编　130118
发行部电话/传真　0431-81629529 81629530 81629531
81629532 81629533 81629534
储运部电话　0431-86059116
编辑部电话　0431-81629518
印　刷　廊坊市印艺阁数字科技有限公司

书　号　ISBN 978-7-5744-0173-0
定　价　60.00元

前　言

随着电气自动化技术的飞速发展，其应用领域越来越广泛，既改善了我国国民的生活现状，又促进了我国经济的进一步发展。电气自动化技术具有提高工作的安全性、经济性、工作效率和改善劳动条件等作用，将人们从繁重的体力劳动、脑力劳动以及恶劣、危险的工作环境中解放出来，越来越多行业的发展都已经无法离开这一技术。

近年来，由于电气自动化控制系统在生活中得到越来越广泛的应用，在方便生活的同时也使得智能化水平在不断提升，可以更加精准的控制各种仪器设备。同时大容量信息数据传输的实现，也可以依托在不断发展的通信技术上。

本书结构清晰、内容全面、语言朴实、通俗易懂，将理论与实践相结合，首先对电气工程理论的发展、电气工程的分类进行简要介绍，然后分析了自动化概述、电气自动化技术概述，最后深入探讨了电气自动化技术的衍生技术及其应用、自动控制系统及其应用、电气自动化控制系统的设计与应用、以及电气自动化工程中的智能化应用等内容。

本书在编写过程中由于涉及的研究内容广泛，具有较强的综合性和应用性，在撰写过程中参考和借鉴了同行学者的研究成果，在此表示衷心的感谢。由于编者水平有限，时间仓促，书中的不足之处，敬请读者批评指正，以便今后进一步修改，使之日臻完善。

目录

第一章　电气工程理论的发展

第一节　电气工程在国民经济中的地位

电能是最清洁的能源，它是由蕴藏在自然界中的煤、石油、天然气、水力、核燃料、风能和太阳能等一次能源转换而来的。同时，电能可以很方便地转换成其他形式的能量，如光能热能、机械能和化学能等供人们使用。由于电（或磁、电磁）本身具有极强的可控性，大多数的能量转换过程都以电（或磁、电磁）作为中间能量形态进行调控，信息表达的交换也越来越多地采用电（或磁）这种特殊介质来实施。电能的生产、输送、分配、使用过程易于控制，电能也易于实现远距离传输。电作为一种特殊的能量存在形态，在物质、能量、信息的相互转化过程，以及能量之间的相互转化中起着重要的作用。因此，当代高新技术都与电能密切相关，并依赖于电能。电能为工农业生产过程和大范围的金融流通提供了保证；电能使当代先进的通信技术成为现实；电能使现代化运输手段得以实现；电能是计算机、机器人的能源。因此，电能已成为工业、农业、交通运输、国防科技及人们生活等人类现代社会最主要的能源形式。

电气工程（EE，Electrical Engineering）是与电能生产和应用相关的技术，包括发电工程、输配电工程和用电工程。发电工程根据一次能源的不同可以分为火力发电工程、水力发电工程、核电工程、可再生能源工程等。输配电工程可以分为输变电工程和配电工程两类。用电工程可分为船舶电气工程、交通电气工程、建筑电气工程等。电气工程还可分为电机工程、电力电子技术、电力系统工程、高电压工程等。

电气工程是为国民经济发展提供电力能源及其装备的战略性产业，是国家工业化和国防现代化的重要技术支撑，是国家在世界经济发展中保持自主地位的关键产业之一。电气工程在现代科技体系中占有特殊的地位，它既是国民经济的一些基础工业（电力、电工制造等）所依靠的技术科学，又是另一些基础工业（能源、电信、交通、铁路、冶金、化工和机械等）必不可少的支持技术，更是一些高新技术的主要科技的组成部分。在与生物、环保、自动化、光学、半导体等民用和军工技术的交叉发展中，又是能形成尖端技术和新技术分支的促进因素，在一些综合性的高科技成果（如卫星、飞船、导弹、空间站、航天飞机等）中，也必须有电气工程的新技术和新产品。可见，电气工程的产业关联度高，对原材料工业、机械制造业、装备工业，以及电子、信息等一系列产业的发展均具有推动和带动作用。对提高整个国民经济效益，促进经济社会可持续发展，提高人民生活质量有显著的影响。电气工程与土木工程、机械工程、化学工程及管理工程并称现代社会五大工程。

20 世纪后半叶以来，电气科学的进步使电气工程得到了突飞猛进的发展。例如，在电力系统方面，自 20 世纪 80 年代以来，我国电力需求连续 20 多年实现快速增长，年均增长率接近 8%，预计在未来的 20 年电力需求仍需要保持 5.5%~6% 的增长率增长。在电能的产生、传输、分配和使用过程中，无论就其系统（网络），还是相关的设备，其规模和质量，检测、监视、保护和控制水平都获得了极大的提高。经过改革开放 30 多年的发展，我国电气工程已经形成了较完整的科研、设计、制造、建设和运行体系，成为世界电力工业大国之一。至 2013 年底，我国发电装机容量首次超越美国位居世界第一，达到 12.5 亿 kW，目前拥有三峡水电及输变电工程，百万千瓦级超临界火电工程、百万千瓦级核电工程，以及全长 645 km 的交流 1000kV 晋东南—南阳—荆门特高压输电线路工程、世界第一条直流 ±800kV 云广特高压输变电工程等举世瞩目的电气工程项目。大电网安全稳定控制技术、新型输电技术的推广，大容量电力电子技术的研究和应用，风力发电、太阳能光伏发电等可再生能源发电技术的产业化及规模化应用，超导电工技术、脉冲功率技术、各类电工新材料的探索与应用取得重要进展。电子技术、计算机技术、通信技术、自动化技术等方面也得到了空前的发展，相继建立了各自的独立学科和专业，电气应用领域超过以往任何时代。例如，建筑电气与智能化在建筑行业中的比重越来越大，现代化建筑物、建筑小区，乃至乡镇和城市对电气照明、楼宇自动控制、计算机网络通信，以及防火、防盗和停车场管理等安全防范系统的要求越来越迫切，也越来越高；在交通运输行业，过去采用蒸汽机或内燃机直接牵引的列车几乎全部都被电力牵引或电传动机车取代磁悬浮列车的驱动、电动汽车的驱动、舰船的推进，甚至飞机的推进都将大量使用电力；在机械制造行业中机电一体化技术的实现和各种自动化生产线的建设，国防领域的全电化军舰、战车、电磁武器等也都离不开电。特别是进入 21 世纪以来，电气工程领域全面贯彻科学发展观，新原理、新技术、新产品、新工艺获得广泛应用，拥有了一批具有自主知识产权的科技成果和产品，自主创新已成为行业的主旋律。我国的电气工程技术和产品，在满足国内市场需求的基础上已经开始走向世界。电气工程技术的飞速发展，迫切需要从事电气工程的大量各级专业技术人才。

第二节 电气工程技术的初期发展

一、人类近代的技术革命

技术革命也称为工业革命或产业革命，它是人类近代文明发展的基础，决定了人类社会工业化发展和生活水平提高的趋向。到目前为止，技术革命的历程大致分为 3 个阶段：第一阶段从 18 世纪中叶到 19 世纪中叶，以工业生产机械化为特征；第二阶段从 19 世纪后半期到 20 世纪中叶，以工业生产电气化为主要标志；第三阶段从 20 世纪中叶到 21 世纪初，以社会生产与人居生活电子化、信息化为特点。

第一次技术革命的中心在英国。其主要的理论基础之一是牛顿力学，解决动力问题的标志性成果是瓦特发明和改良的蒸汽机，主要应用于纺织业、交通运输业、冶金采矿业、机器制造业等领域。这是一场生产力的全面革命，引起了社会生产力的巨大飞跃，改变了英国的经济地理面貌，使工厂制度在英国首先得到确立，增强了英国的国际地位，并对世界工业革命产生了巨大影响。

1875 年前后发生的第二次技术革命的中心在美国和德国。它主要表现在新能源的利用、新机器与新产品的制造、远距离信息传递技术的应用。第二次技术革命在人类发展史上占有重要的地位，其主要成果是电力、钢铁、化工“三大技术”和汽车、飞机、无线电通信“三大文明”的取得，极大地改变了人类社会的面貌。第二次技术革命的主要标志是电气化、内燃机的应用与化学工业的兴起，重工业、动力工业、能源工业、化学工业等领域的崛起并迅速发展，它所引起的工业化浪潮使美、德、英、法等国的工业化程度都进一步提高。

第二次技术革命中电工技术获得飞速发展，电磁学理论与电路理论的建立为它奠定了基础。电工技术是第一次技术革命的继承、发展，它对在第一次技术革命基础上建立起来的产业结构、经济体制、社会关系产生了新的影响，成为划分一个时代的开始。有的学者认为电工技术的广泛应用就是第二次技术革命。

第二次技术革命的中心虽然在美国和德国，但是许多主要的新理论、新技术的发明仍然在英国。由于英国在工业技术上主要是依赖蒸汽机为动力，担心电工技术的应用所带来的设备更新会增加额外的投资，因此错失良机。没有传统技术负担的美国、德国则通过电工技术的广泛应用终于超过了英国，成为世界工业强国。

二、电工技术的初期发展历程

第二次技术革命是从电工技术及其应用开始的。1831 年，英国物理学家法拉第发现电磁感应现象，奠定了发电机的理论基础。1857 年，英国企业家荷尔姆斯在法拉第的帮助下，研制成功了蒸汽动力永磁发电机。

1866 年，德国工程师、实业家维尔纳·冯·西门子（Emst Wernervon Siemens，1816—1892）发明了自激式励磁直流发电机，用电磁铁代替永久磁铁，利用发电机自身产生的一部分电流向电磁铁提供励磁电流，使发电机的功率提高。他还预言：电力技术很有发展前途，它将会开创一个新纪元。

西门子设计并制作了最早的标准电阻。他于 1860 年设计、制作了长度为 1m、截面积为 1mm 的水银电阻器，并在国际电工会议上提交了以此为标准器的提案。为了纪念他的杰出贡献，国际电工会议将电导单位定名为“西门子”。西门子生于汉诺威的累尔特，他 18 岁进入普鲁士炮兵服役之后进入柏林陆军大学学习，毕业后到兵工厂工作，28 岁被提升为柏林炮厂厂长，31 岁时和机械师哈尔斯克在柏林郊区创设了西门子—哈尔斯克电报机制造厂。1867 年，西门子—哈尔斯克电报机制造厂改名为西门子兄弟公司，在其他国家设立子公司。在西门子及其继任者的领导下，公司逐步发展成为誉满全球的大型电工、电子企业。

法国籍比利时电气工程师格拉姆（Zenobe TheophileGramme，1826—1901）1853 年在巴黎学习物理学；1856 年进入巴黎一家工厂工作，该厂刚开始设计、制造电气工程设备。1870 年，格拉姆发明了实用自激直流发电机。格拉姆对意大利物理学家帕奇诺蒂在 1859 年研制的环形电枢发电机模型作了改进，他用叠片式环形电枢在上下两个磁极间旋转，并采用金属换向器。他设计的发电机具有输出功率大、电压高、输出电流稳定等特点，并取得了专利，曾先后在巴黎和维也纳展出，受到人们的重视。这种发电机虽然效率不高，但能提供较高的输出电压并发出较大的功率（最大达 100kW），具有实用价值。至此，电流的产生不再依赖实验装置，而由结构可靠、电流稳定的发电机提供。

1873 年，安装在英国威斯敏斯特钟塔上的信号灯电源，就是由格拉姆制造的直流发电机提供的。格拉姆在维也纳展览会上演示了发电机能反过来作为电动机使用，从而使电动机的设计、制造技术取得了很大进步。1875 年，改进后的格拉姆发电机输出功率大、运行稳定、经济性能好，它被安装在世界第一座小型火电站——巴黎北火车站发电站，为车站附近的弧光灯提供电源。当时，格拉姆发电机被各国广泛采用，格拉姆为电气技术的发展做出了重要的贡献。

1879 年 10 月，美国发明家爱迪生（Thomas Alva Edison，1847—1931）发明了电灯。电灯灯丝用碳化了的棉线做成，其使用寿命比较短，当时并未引起社会的广泛注意，后来经过多次改进，提高了电灯的使用寿命。

1882 年，爱迪生建成美国第一个商业直流发电厂——纽约珍珠街发电厂。发电厂装有 6 台直流发电机组，共 660kW，通过 110V 电缆供电，最大送电距离 1.6km，供 6200 盏白炽灯照明用。其后，爱迪生又建立了威斯康星州亚普尔顿水电站，完成了初步的电力工业技术体系。1889 年，金融大亨摩根加入了爱迪生的电气公司，加快了美国的电气化步伐。

爱迪生生于俄亥俄州的迈兰，父亲是小木材场场主。他 8 岁时仅上了几个月小学，就被老师训斥为“糊涂虫”而退学，从此仅受家庭教育。他 12 岁时读完了帕克的《自然与实验哲学》，随后又研读了牛顿的《自然哲学的数学原理》，并从中获得教益：重视实践而不是理论。他 12 岁开始在铁路上当报童，16 岁成为车站电报员，22 岁创办技术顾问公司，29 岁在新泽西州建立了世界上第一所工业实验室。爱迪生一生完成了 2000 多项发明，他刻苦努力，充分发挥了自己的发明才能。他曾说:“天才是 99% 的汗水，加上 1% 的灵感。”爱迪生象征着美国由穷变富的理想，爱迪生的一生，是美国从落后农业国向工业国的过渡、从全盘照搬欧洲技术到建立美国自己的技术体系的时代。

1882 年，英国商人在上海开办了上海电光公司，并建了一座功率为 12kW 的发电厂。1888 年，华侨黄秉常在广州两广总督衙门近旁建成发电厂，供给总督衙门及附近部分居民照明用电。随着对电能需求的显著增加和用电区域的扩大，直流发电、供电系统显示出电能生产成本高、供电可靠性低、输电距离短等缺陷。自 19 世纪 80 年代起，人们投入了对交流发电、供电系统的研究，与直流发电、供电系统比较，交流发电、供电系统具有许多优越性。

1885 年，意大利科学家法拉利提出的旋转磁场原理，对交流电机的发展具有重要的意义。

美国发明家、工业家威斯汀豪（George Westinghouse，1846—1914）生于纽约州的一个农业机械制造商家庭。他在龙宁学院学习后，参加南北战争的北军，在陆军和海军服役。1865 年，他发明旋转式蒸汽机而首次获得专利。1869 年，他设立威斯汀豪空气制动器公司，在匹兹堡建设工厂，生产铁路制动器和铁路信号装置，其产品畅销欧美。

威斯汀豪自 19 世纪 70 年代开始就研究电机。1885 年，他购置了法国高拉德（1850—1888）和英国吉布斯于 1881 年发明的“供威斯汀豪电交流系统”专利权。在他的领导下，与研制变压器和配电设备的斯坦利、发明多项交流发电机和感应电动机技术的特斯拉、研制测量设备的沙伦伯格等，共同完成了交流发电、供电系统，并在匹兹堡创建了交流配电网。在完成这一巨大工程中，显示了他重用优秀技术专家的领导艺术和组织才能。他于 1886 年成立威斯汀豪电气公司（西屋电气公司）；1889 年，威斯汀豪电气公司更名为威斯汀豪电气和制造公司。威斯汀豪一生获专利 100 多项。

美籍南斯拉夫发明家、电气工程师特斯拉（Nikola Tesla，1856—1943）于 1883 年发明了世界上第一台感应电动机。

1888 年，他发明了两相异步特斯拉电动机和交流电力传输系统。美国采用 60Hz 作为工业用电的标准频率与他有很大关系。特斯拉出生于奥帝国的一个牧师家庭，他具有难以置信的记忆力和对数学的理解能力。特斯拉于 1884 年移居美国，他先受雇于爱迪生。当时正值“电流争论”时期，发明家爱迪生坚持继续使用直流电，而发明家威斯汀豪则主张改用交流电。特斯拉对交流电感兴趣，便离开爱迪生加入了威斯汀豪的企业。通过在威斯汀豪企业中做出的贡献，特斯拉获得了声誉，1887 年，在西方联工程师特斯拉合电报公司资助下，建立了特斯拉电气公司。1888 年，他发明了两相异步特斯拉电动机和交流电力传输系统，他的多相交流发电、输电、配电技术也被社会所接受。1890 年，他发明了高频发电机；1891 年，他发明的特斯拉线圈（变压器）后来被广泛应用于无线电、电视机和其他电子设备中；1893 年，他发明了无线电信号传输系统。特斯拉一生中拥有 700 多项专利。为了纪念他，1960 年第 11 届国际计量大会确定采用特斯拉作为磁感应强度的单位。

1888 年，俄国工程师德布罗夫斯基和德尔伏发明了三相交流制。次年，三相交流电由试验到应用取得成功。不久，三相发电机与电动机相继问世，这为三相交流电在世界上的普遍应用奠定了基础。1891 年，在德国劳芬电厂安装了世界上第一台三相交流发电机，并建成第一条三相交流输电线路。三柱式铁芯变压器研制成功后，三相异步电动机得到广泛的应用，工业动力很快便被它所代替。这就使得电能在工业生产上的应用获得了迅速发展，且逐步取代了蒸汽等动力源。三相交流电的出现克服了原来直流供电容量小、距离短的缺点，开创了长距离的供电方式。电力除照明外，还用于电力传动等各种新用途。用电动机带动的各种机床、电车、电梯、起重机、压缩机、电力机车等在工业生产和公共交通等领域发挥着巨大作用。

是采用直流发电、供电系统，还是采用交流发电、供电系统，在 19 世纪 80 年代曾发生过一场激烈的争论。美国发明家爱迪生、英国物理学家汤姆逊等都极力主张沿用直流电，而美国发明家威斯汀豪、美籍南斯拉夫发明家特斯拉和英国物理学家费朗蒂等人则主张改用交流电。经过长达 10 年的激烈争论和竞争，最终后者取得了成功。

对许多分散的电力用户提供大量经济、可靠的电能，这促进了电力工业的蓬勃发展和技术进步。电气工程的发展趋势是采用高效率、大功率的蒸汽推动的原动机；不断加大发电机的单机容量；提高输电电压等级；延长输电距离。这促进了高电压、大容量、远距离电力系统的形成。

1891 年，由法国劳芬水电站至德国法兰克福的三相高压输电线路建成。它在始端有升压变压器，容量为 20kV · A，电压为 90V/15.2kV；终端有降压变电站，传输效率在 80% 以上，具有十分明显的技术优越性和经济效益。在此后的 10 年左右时间，交流输电技术基本上采用了三相制。

美国在 1882 年仅有 3 座直流发电厂，1886 年美国开始建设交流发电厂，功率为 6kW，采用单相制。此后电厂建设蓬勃发展，到 1902 年便增至 3621 座。欧洲各国在这一时期也建起了大批电厂。到 20 世纪初，人类便结束了自 1796 年由英国人瓦特发明蒸汽机起所开创的蒸汽时代，跨入了面貌全新、更为先进的电气时代。单就三相制交流技术应用、电力事业的创建与发展来说，世界上从创造、试验到普遍应用，至今不过 130 年。

电能的开发和利用，引起了人类社会生产、生活翻天覆地的变化，独立的电力工业体系也逐步形成、壮大。列宁认为：“电力工业是最能代表最新的技术成就和 19 世纪末、20 世纪初的资本主义的一个工业部门”。

第三节　电气工程理论的建立

理论来源于实践。电工理论是对电磁现象的大量实验结果的分析、归纳总结而逐步形成的，同时它又对实践起指导作用。电工理论起源于物理的电磁学，从 18 世纪后半期开始的漫长的岁月中，人们对电磁现象的本质及其规律的认识，为电工技术的发展提供了理论基础。但是在电工技术的实际应用中，还需要兼顾工程设计、制造工艺、经济效益、使用可靠性、维护方便等一系列问题。也就是说，在工程计算中，要尽量使用简捷的方法，来获得所需要的结果。在分析问题时，将实际电路元件、器件进行理想化处理，获得理想化的元器件模型。在此过程中，允许有一些近似，而抓住主要问题，忽略某些次要因素，不必重新研究发生的物理过程和细节，逐步形成了分析电工设备中发生的电磁过程及其定量计算方法的电工理论。

一、电路理论的建立

电路理论作为一门独立的学科登上人类科学技术的舞台已经有 200 多年了。在这纷绘变化的 200 多年里，电路理论从用莱顿瓶和变阻器描述问题的原始概念和分析方法逐渐演变成为一门严谨抽象的基础理论学科，其间的发展、变化贯穿和置身于整个电气科学技术的萌发、不断进步与成熟的过程之中。如今它成为整个电气科学技术中不可或缺的支柱性理论基础，同时在开拓、发展和完善自身以及新的电气理论中起着十分重要的作用。

电路理论是一个极其美妙的领域，在这一领域内，数学、物理学、电信和电气工程与自动控制工程等学科找到了一个和谐完美的结合点，其深厚的理论基础和广泛的实际应用使其具有强盛持久的生命力。这对于许多与之相关的学科来说，电路理论是一门非常重要的基础理论课。

早在 1778 年，伏特就提出电容的概念，导体上储存电荷 Q=CU，而不必从整个静电场去计算。

在 1826 年欧姆发表欧姆定律和 1831 年法拉第发表电磁感应定律之后，1832 年亨利提出了表征线圈中自感应作用的自感系数 L，即磁通量 =Li。俄国楞次提出的导体中由电磁感应产生的电流，也遵守欧姆定律。

1844 年 5 月 24 日，在华盛顿的国会大厦联邦最高法院会议厅里，莫尔斯用有线电报机首次进行了公开通信演示。电报的出现，需要对有线电报机组成的电路进行分析和计算。为电路理论奠定基础的是伟大的德国物理学家基尔霍夫（GustavRobert Kirchhoff，1824—1887）。他在深入地研究了欧姆的工作成果之后，在 1845 年作为刚满 21 岁的大学生提出了关于任意电路中电流、电压关系的两条基本定律，即电流定律（KCL）：任何时刻电路中任意一个节点的各条支路电流的代数和为零；电压定律（KVL）：任何时刻电路中任意一个闭合回路的各元件电压的代数和为零。后来在1847年他发表的题为《关于研究点线性分布所得到的方程的解》的论文中，证明了在复杂电路中，根据前述两条定律所列出的独立方程个数，正好等于电路的支路电流个数，恰好满足对给定电路方程的求解要求。基尔霍夫所总结出的两个电路定律，发展了欧姆定律，奠定了电路系统分析方法的基础。

1847年，基尔霍夫首先使用了“树”来研究电路，只是他当时的论点太深奥或者说是超越了时代，致使这种方法在电路分析中的实际应用停滞了近百年。直到20世纪50年代以后，拓扑分析法才广泛应用于电路学科。

基尔霍夫生于东普鲁士葛尼希堡的一个律师家庭，1847年毕业于葛尼希堡大学，同年就任柏林大学讲师；1850年任布雷斯劳大学物理学教授；1854年任海德堡大学物理学教授；1875年回柏林大学任数理学讲座教授。

1853年，英国物理学家汤姆逊（William Thomson，1824—1907亦名开尔文）采用电阻、电感和电容的串联电路模型来分析莱顿瓶的放电过程，并发表了《莱顿瓶的振荡放电》论文。他在论文中推导出了电路振荡方程，通过求解方程得出了在莱顿瓶放电过程中电流有反复振荡并逐渐衰减的结论，由此找到了海底电缆信号衰减的原因。他还计算出振荡频率与R，L，参数之间的关系，从而解决了海底电缆信号衰减这一难题。由此建立了动态电路分析的基础。

汤姆逊生于爱尔兰的贝尔法斯特，他从小聪慧好学，于1841年进剑桥大学学习，1845年获数学学士学位。由于装设第一条大西洋海底电缆有功，英国政府于1866年封他为爵士，并于1892年晋升为开尔文勋爵，开尔文这个名字就是从此开始的。他1890—1895年任伦敦皇家学会会长；1877年被选为法国科学院院士；1846年任格拉斯哥大学物理学讲师，不久任教授；1904年任格拉斯哥大学校长，直到逝世为止。汤姆逊的研究范围广泛，在热学、电磁学、流体力学、光学、地球物理、数学、工程应用等方面都做出了杰出贡献。

由于国际通信需求的增加，1850—1855年欧洲建成了英国、法国、意大利、土耳其之间的海底电报电缆。电报信号经过远距离的电缆传送，产生了信号的衰减、延迟、失真等现象。1855年，汤姆逊发表了《电缆传输理论》论文，他采用电容、电阻组成的梯形电路，来构建长距离电缆的等效电路模型，并分析了电报信号经过长距离传送而产生衰减、延迟、失真的原因。

1853年，亥尔姆霍兹提出电路中的等效发电机原理，即任意一个线性含有电源的一端口网络，对于外电路而言，可以简化为一个电压源和一个电阻的串联电路来等效替代。1857年，基尔霍夫对长距离架空线路建立了分布参数电路模型。他认为架空线路与电报电缆不同，架空线上的自感元件不能忽略，从而改进了电路模型，并推导出了完整的传输线的电压及电流方程，人们称为“电报方程或基尔霍夫方程”。

19世纪后半叶，对电机的研制及其理论分析不断取得进展。1880年，英国霍普金森提出了形式上与电路欧姆定律相似的计算磁路用的欧姆定律，还提出了磁阻、磁势等概念。

他还引用铁磁材料的磁化曲线，并考虑磁滞现象的影响来设计电机。

19 世纪末，交流发电、输电技术的迅速发展，促进了交流电路理论的建立。交流电路与直流电路有很大差别：首先，电路中的电压、电流的实际方向是随时间而交替变化的；其次，电路中不仅有电阻的作用，还必须考虑电感和电容的影响。早在 1847 年，楞次就发现了当线圈改变电流方向时，其电压与电流的变化在相位上不一致。1877 年，雅布罗奇可夫也观察到电容上交流电压与电流的相位不同。

1891 年，多布罗夫斯基在法兰克福举行的国际电工会议上提出了关于交流电理论的报告：“磁通是取决于所加电压的大小，而不是取决于磁阻。而磁阻的变化只影响磁化电流的大小。如果磁通的变化是正弦函数形式的，则电动势或电压也是正弦函数形式的，但两者相位差 90° ”。他还将磁化电流分成两个分量，即“有功分量”和“磁化分量”。他提出交流电的基本波形为正弦函数形式。

德国出生的美籍电气工程师施泰因梅茨（C.P.Steinmetz，1865—1923）对交流电路理论的发展做出了巨大贡献。他出生即带有残疾，自幼受人嘲晦，但他意志坚强，刻苦学习，1882 年在布雷斯劳大学就读，学生时代加入社会民主党并担任该党党报《人民之声》的编辑。1888 年曾进入瑞士苏黎世联邦综合工科学校深造，1889 年赴美。1892 年 1 月，在美国电机工程师学会的一次会议上，他在提交的两篇论文中提出了计算交流电机的磁滞损耗的公式。随后，他于 1893 年创立了计算交流电路的实用方法——“相量法”，并向国际电工会议报告，受到了广泛欢迎并迅速推广。受到瑞士数学家阿根德（Jean Robert Argand，1768—1813）在 1806 年所提出的用矢量表示复数方法的启示，他用复数平面上的矢量来代表正弦交流电的有效值（或最大值）和初相位，即用相量来表示正弦量。相同频率下的正弦量加、减运算，可以转化为复数的加、减运算，这简化了正弦量的计算过程，其计算还可以使用图解法来完成。相量这一概念直观、易懂，相量法成为分析正弦交流电路的重要工具，并且沿用至今。

同年，他加入美国通用电气公司，负责为尼亚加拉瀑布电站建造发电机。之后，他又设计了能产生 10kA 电流、100kV 高电压的发电机；研制成功避雷器、高压电容器。晚年，开发了人工雷电装置。他一生荣获近 200 项专利，涉及发电、输电、配电、电照明、电机、电化学等领域。施泰因梅茨 1901—1902 年任美国电机工程师学会主席。

进入 20 世纪之后，电工技术以更快的速度发展，与之相关的理论不断建立。1911 年，英国自学成才的物理学家、电气工程师亥维赛德（Oliver Heaviside，1850—1925）提出正弦交流电路中阻抗的概念，用相量法分析正弦交流电路时，阻抗也是一个复数，其实部是电阻，虚部是电抗。

亥维赛德还提出了求解电路暂态过程的“运算法”。早期，求解动态电路是用时域分析法，也称为“经典法”。在用经典法求解多个储能元件的动态电路时，电路微分方程的阶数较高，求解过程的计算量大，高阶电路待定的积分常数较多，必须用多个初始条件才能确定，这显得相当麻烦。亥维赛德是一个注重实践的工程师，其兴趣在于工程中电路问题的实际求解，他发现使用符号“p”作为微分操作数，同时又当作一个代数变量运算的方法在对动态电路问题分析时既方便又有效。然而他并未去探求这种方法的严密论证，受到同时代一些主要数学家的不断指责。周折近 30 年后，当人们在数学家拉普拉斯 1780 年的遗嘱中找到运算微积分与复平面上的积分之间的关系时，发现了可以将描述动态电路的时域函数微分方程，变换成为相应的复频域函数的代数方程，然后求解代数方程，最后由代数方程的解对应找出原微分方程的解。在拉普拉斯的论著中找到了“运算法”的理论依据，这场争执才宣告结束。然后亥维赛德的“运算法”被“拉普拉斯变换”所取代，后人将用于动态电路分析的“运算法”称为“拉普拉斯变换”。这一方法也称为“积分变换法”，一直沿用至今。

数学中求解微分方程的“积分变换法”是由法国著名的数学家、力学家和天文学家拉普拉斯（Pierre Simon Laplace，1749—1827）于 1779 年首先提出来的，人们习惯称之为“拉普拉斯变换”。拉普拉斯变换是将时域函数的微分方程变换成为复频域函数的代数方程，求得代数方程的解后，通过拉普拉斯反变换就可求出微分方程的解。这种求解微分方程的方法在物理学和工程学中应用广泛。电路的暂态过程分析也使用这种方法。

拉普拉斯出生于法国诺曼底的一个平民家庭，他 20 岁就成为一位数学教授。他是天体力学的主要奠基人，是天体演化学的创立者之一，是分析概率论的创始人，是应用数学的先驱。他的著作《天体力学》广为人知，他发表的天文学、数学和物理学的论文有 270 多篇，专著合计有 4000 多页。

1882 年，法国数学家傅里叶（Jean Baptiste Joseph Fourier，1768—1830，）在一本专著中提出用他的姓氏命名的级数和变换分别在非正弦电路分析、信号处理中用到。实际上，1807 年他在一篇论文中推导出著名的热传导方程，并在求解该方程时发现解函数可以由三角函数构成的级数形式表示，从而提出了任一满足狄里赫利条件的非正弦周期函数都可以展开成三角函数的无穷级数。但当时的数学界对他的研究成果未给予承认，甚至不能发表其论文。1822 年，他在代表作《热的分析理论》中，解决了热在非均匀加热的固体中分布传播的问题，用数学方法建立了热传导定律，成为分析学在物理中应用的最早例证之一，对 19 世纪数学和理论物理学的发展产生了深远影响。傅里叶级数（即三角级数）、傅里叶分析等理论都由此创立。

傅里叶出生于法国奥塞尔，8 岁时便成为孤儿。他加入了由天主教修士管理的一所地方军事学院，在那里，他表现出非凡的数学天赋。就像他同时代的许多人一样，傅里叶也被卷入法国大革命的政治旋涡中。他曾两度经历死里逃生的惊险，在拿破仑远征埃及的战争中，他曾扮演过重要的角色。

1918 年福台克提出了“对称分量法”，用对称分量法可将不对称三相电路化为对称三相电路进行分析。这一方法至今仍为分析三相交流电机、电力系统不对称运行的常用方法。1952 年荷兰菲利普研究实验室学者特勒根（Bernard D.H.Tellegen）提出了集总参数电路中很普遍、很有用的定理，人们称之为“特勒根定理”。其普遍性与基尔霍夫定律相当。

二、记忆电阻器的研究

记忆电阻器是一种可以记忆自身历史的元件，即使在电源被关闭的情况下仍具备这一功能。记忆电阻器可以使计算机在电池电量耗尽后在很长时间内仍能保存信息。这项发现将有可能用于制造非易失性存储设备、更高能效的计算机、类似于人类大脑处理与联系信息工作方式一样的模拟式计算机等，将对电子科学与信息技术的发展产生重大的影响。

早在 1971 年，美国加州大学伯克利分校的华裔科学家蔡少棠教授，就从理论上预言了记忆电阻器的存在，但直到 2012 年科学家才把它真正研制出来。

此前，在讲述专业基础理论的《电路》《电子学》教科书中列出了 3 种基本的无源电路元件，它们是电阻、电容和电感。其中，电阻是无记忆元件，而电容和电感是记忆元件。电容是依赖其具备储存电场能量特性而实现记忆功能的；电感是依赖其具备储存磁场能量特性而实现记忆功能的；电阻则是一个消耗电能的元件，它只能将电能转变为热能、光能或机械能等其他形式的能量，它并不具备储存电能的特性，没有记忆功能。

蔡少棠教授在 1971 年研究电荷、电流、电压和磁通之间的关系时，推断在电阻、电容和电感之外，应该还有一种电路元件——记忆电阻器（简称忆阻器），它代表着电荷量与磁通量之间的关系，如图 1-1 所示。

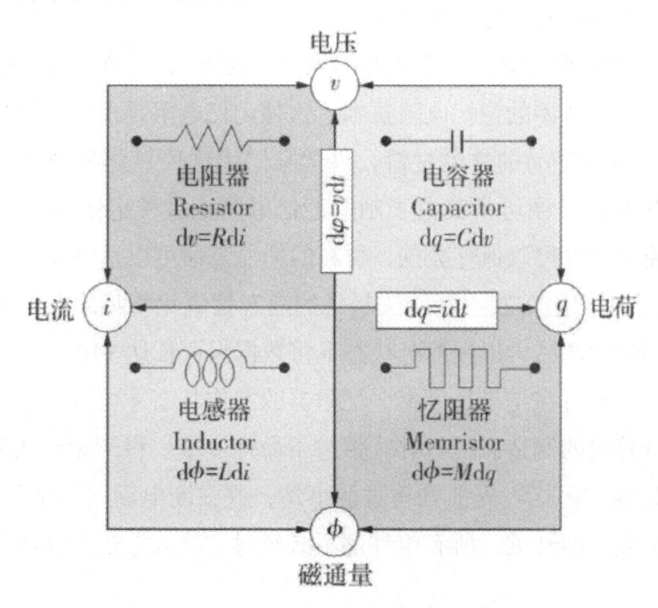

图 1-1 4 种基本元件之间的关系

蔡少棠教授的想法是：忆阻器的电阻值取决于流过这个器件电荷量的多少。也就是说，让电荷从反方向流过，其电阻会增加；让电荷从正方向流过，其电阻就会减小。简单地说，这种器件在任一时刻的电阻就是时间的函数，即有多少电荷量从反向或正向经过了它。记忆电阻实际上就是一个具有记忆功能的非线性电阻元件。蔡少棠教授发表的论文《忆阻器：

下落不明的电路元件》提供了忆阻器的原始理论架构，推测它具有天然的记忆能力，即使电源中断也不会改变。通过控制流过它的电流的变化来改变其电阻值，如果把高电阻值定义为“1”，低电阻值定义为“0”，则它就可以实现存储数据的功能。

这一预测提出近 40 年后，一直无人能证实这一现象的存在。直到 2008 年，来自美国惠普实验室下属的信息和量子系统实验室的 4 位研究人员，证实了记忆电阻现象在纳米度量的电子系统中确实是天然存在的。他们发表于当年 5 月 1 日出版的英国《自然》杂志上的论文《寻获下落不明的忆阻器》宣称，已经证实了电路世界中的第四种基本元件——记忆电阻器（Memoryresistors），简称为忆阻器（Memristor）的存在，并成功设计出一个能工作的忆阻器实物模型。这项发现将有可能用来制造非易失性存储设备、即开型 PC 机、更高能效的计算机，未来甚至可能会大大提高晶体管所能达到的功能密度。

蔡少棠教授对这项研究成果感到兴奋，称：从来没想到他的理论被搁置了 37 年后还能得到证实。研究人员表示，忆阻器最有趣的特征是它可以记忆流经它的电荷量。

如今，美国惠普公司实验室的斯坦 · 威廉斯及其同事在进行集成电路实验时，终于制造出了忆阻器的实物模型。他们像制作三明治一样，将一层纳米级的二氧化钛半导体薄膜夹在由铂制成的两个金属薄片之间。

这些材料都是标准材料，制作忆阻器的窍门是使其组成部分只有 5nm 大小，也就是说，仅相当于人一根头发丝的万分之一那么细。

美国标准技术研究所（NIST）最近也宣称他们发明了一种新的内存技术——柔性记忆电阻技术。这是一种新型的记忆电阻技术。这种记忆电阻是由钛氧化物制成，钛氧化物是制作防晒油和牙膏等产品的常见材料。科学家们用这种氧化物制成柔性透明聚合物薄片，并在上面制出触点，便可将其用于制造记忆电阻。这种记忆体可以在低于 10V 的电压下工作，而且断电后也可以保存数据，材料的伸缩寿命可以达到 4000 次。

NIST 的研究小组把用溶胶—凝胶法制备的液态钛氧化物喷涂在透明薄片上，并在室温下干燥，由此得到的产品可以在掉电状态下将数据保存长达 14d。

科学家们指出，只有在纳米尺度上，忆阻器的工作状态才可以被察觉到。他们希望这种新元件能够给计算机的制造和运行方式带来革命性变革。科学家们认为，用忆阻器电路制造出的计算机将能“记忆”先前处理过的事情，并在断电后“冻结”这种“记忆”。这将使计算机可以反复立即开关，所有组件都不必经过“导入”过程就能即刻恢复到最近的结束状态。

2012 年，在德国北莱茵威斯特法伦州的比勒菲尔德大学，安迪 · 托马斯博士及其同事制作出了一种具有学习能力的忆阻器，如图 1-15 所示。2013 年，安迪 · 托马斯将这种忆阻器作为人工大脑的关键部件，他的研究结果发表在《物理学学报 D 辑：应用物理学》杂志上。安迪 · 托马斯解释说，忆阻器与突触的这种相似性，使其成为制造人工大脑——从而打造出新一代的计算机的绝佳材料，它使我们得以建造极为节能、耐用，同时能够自学的处理器。托马斯在文章中总结了自己的实验结果，并借鉴其他生物学和物理学研究的成果，首次阐述了这种仿神经系统的计算机如何将自然现象转化为技术系统，以及其中应该遵循的几个原则。这些原则包括忆阻器应像突触一样，“注意”到之前的电子脉冲；只有当刺激脉冲超过一定的量时，神经元才会做出反应，忆阻器也是如此。

忆阻器能够持续增加或减弱电阻。托马斯解释：这也是人工大脑在进行学习和遗忘的过程中，忆阻器如何发挥作用的基础。

忆阻器研制成功后，有可能对电子科学与信息技术的发展产生重大的影响。

记忆电阻半导体——忆阻器最简单的应用就是构造新型的非易失性随机存储器，或当计算机关闭后不会忘记它们曾经所处的能量状态的存储芯片。研究人员称，今天的动态随机存储器所面临的最大问题是，当你关闭 PC 机电源时，动态随机存储器就忘记了那里曾有过什么，下次打开计算机电源，必须坐在那儿等到所有需要运行计算机的信息都从硬盘装入动态随机存储器。有了非易失性随机存储器，那个过程将是瞬间的，并且 PC 机会回到关闭时的相同状态。

研究人员称，忆阻器还可以让手机在使用数周或更长时间后无须充电，也可使笔记本电脑在电池电量耗尽后很久仍能保存信息。忆阻器也有望挑战目前数码设备中普遍使用的闪存，因为它具有关闭电源后仍可以保存信息的能力。利用这项新发现制成的芯片，将比目前的闪存更快地保存信息，消耗更少的电能，占用更少的空间。

忆阻器还能让计算机理解以往搜集数据的方式。这类似于人类大脑搜集、理解一系列事情的模式，可让计算机在找出自己保存的数据时更加智能化。比如，根据以往搜集到的信息，忆阻器电路可以告诉一台微波炉关于不同食物的加热时间。

当前，许多研究人员正试图编写在标准机器上运行的计算机代码，以此来模拟人类大脑的功能，他们使用大量有巨大处理能力的机器，但也仅能模拟大脑很少部分的功能。研究人员称，他们现在能用一种不同于计算机程序的方式来模拟大脑或模拟大脑的某种功能，即依靠构造某种基于忆阻器的仿真类大脑功能的硬件来实现。其基本原理是，不用“1”和“0”，而代之以像明暗不同的灰色之中的几乎所有状态。这样的计算机可以做许多种数字式计算机不太擅长的事情——如作决策，判定一个物体是否比另一个大，甚至是学习。这样的硬件可用来改进脸部识别技术，应该比在数字式计算机上运行程序要快几千到几百万倍。

研究人员表示，也许现在就可以建设工厂来生产这些东西了，但是投资忆阻器的电路设计比建造工厂要昂贵得多，目前还没有更为理想的忆阻器模型。人们还要设计出必要的工具，并为忆阻器找到合适的应用领域。忆阻器需要多久才能成为商业化的电子产品，相对于技术问题而言，更多的可能是商业决策问题。

三、电网络理论的建立

20 世纪初，通信技术的兴起促进了电网络理论的研究。1920 年，坎贝尔与瓦格纳研究了梯形结构的滤波电路。1923 年，坎贝尔提出了滤波器的设计方法。

1924 年，福斯特提出了电感、电容二端网络的电抗定理。此后便建立了由给定频率特性而设计电路的电网络综合理论。

在电子管问世以后，电子电路分析的理论迅速发展是 1932 年，瑞典科学家奈奎斯特提出了由反馈电路的开环传递函数的频率特性，来作为判断闭环系统稳定性的判据。

1945 年，美国伯德出版了《网络分析和反馈放大器》一书，书中总结了负反馈放大器的原理，由此形成了分析线性电路、控制系统的频域分析方法，并获得了广泛应用。

自从梅森（S.J.Mason）于 1953 年采用信号流图分析复杂回馈系统以来，图论一直是网络理论研究中的一个重要方面。如今，电路的拓扑（或图论）分析和综合法已成为电路理论中的一个专门课题。另外，图论还是设计印刷电路、集成电路布线、布局及版图设计等不可缺少的理论基础，特别是针对超大规模集成电路（VLSI）的设计问题，图论的应用更是日趋广泛。

有源网络的分析和综合是电网络理论的一个热门领域。自从 1948 年发明了晶体管以后，各种半导体器件纷纷问世。1952 年，美国雷达研究所的科学家达默（G.W.A.Dummer）首先提出了集成电路的设想，于 20 世纪 50 年代末制成了第一批集成电路（IC），由此对含源器件的电路分析和综合就成为电路理论中的一个重要内容。另外，特勒根于 1948 年提出了回转器的概念，1964 年 B.A.Shenoi 用晶体管实现了回转器后，有源装置可以很方便地用包含回转器与电阻器的等效电路来表示，而任何电器组件包括各种特性的负阻器目前都可以用有源器件综合出来。这使得有源网络的分析和综合具有非常重要的实际意义。

多端器件和集成电路器件的出现为电路提供了许多新“组件”，为这些新组件建模及仿真成为一个急需解决的突出问题。要得到有源器件的精确而又通用的模型是不容易的事，这要考虑电与非电的许多因素，要涉及多方面的知识。比如，双极性晶体管（ BJT）的一套 EM 模型，就是在 1954 年由 J.J.Ebersh 和 J.L.Moll 提出，而后历时 10 多年经很多人研究才得出的。20 世纪 70 年代中期对运算放大器等器件提出的宏观模型（Macro Model）建模方法，是为这类器件建模的一种好方法。器件建模理论自 20 世纪 70 年代起逐步走向完善，这方面 L.O.Chua 做出了重要的贡献。如今，各种多端和集成化器件仍在不断地涌现，这将不断地对器件建模问题提出更新更高的要求。

为了进一步使模拟电路大规模集成化，开关电容网络和开关电容滤波器进入了电路理论的研究领域。在大规模集成电路器件中，困难最大的是对大 RC 时间常数电路的控制，而这个问题使用开关电容网络就比较容易解决。但集成电路的规模在不断扩大，这方面的研究也随之需要不断深入。

被称为电路理论中第三类问题（第一类是分析，第二类是综合设计）的模拟电路故障诊断是 20 世纪 80 年代开始兴起的一个引人入胜的研究领域。这个问题首先是在 1962 年由 R.S.Berkowitz 提出的，但直到 20 世纪 70 年代末才开始引起人们的注意。目前解决模拟电路故障诊断的方法从理论到实际应用之间还存在着很多尚未突破的问题。另外，故障诊断中还存在故障可测性的问题，这实际上就是故障可诊断的设计问题。目前关于故障可诊断性的问题研究得不多，这主要是因为要建立起一种满意的诊断方法较为困难。

电路的数字综合是电路理论研究的一个新方向。集成电路和微处理器的发展，使大多数用模拟系统执行的功能都可以使用数字系统实时完成，当前数字滤波研究得最多。数字滤波的理论基础是电路理论中的滤波器理论与离散系统理论的结合。目前已有很多种类的数字滤波器问世，它是实现信号滤波处理的数字系统。数字综合是很有前途的研究领域，模拟电路综合的离散化已成为一种趋势，其发展非常迅速，在某种程度上大有取代有源综合之势。

到 20 世纪中期以后电子计算机的出现，为电工理论的应用提供了强有力的工具。电网络的计算机辅助分析、计算机辅助设计应运而生。首先，计算机的出现和发展也对电路理论产生了巨大的冲击。过去为方便手算而发展起来的许多电路分析技巧和方法，在计算机面前，有的实用价值大大减小，有的则已失去原有的意义，有的则得到了新的发展。比如，回路法在电路的计算机分析中的价值已大大降低，而节点法则被发展为通用性较好的改进节点法等。其次，在稀疏矩阵技术得到发展后，支路法又开始受到重视。另外，借助计算机可以较容易地求得非线性电路的数值解，这大大促进了非线性电路与系统理论的研究过程。这一切变化是由现代电路理论研究工作者已将计算机作为电路分析及设计中必备的基本手段而产生的。

电工理论与其他学科的理论相互借鉴，继续在新的技术进步中共同发展。

四、电磁场理论的建立

物理中对电磁学的研究，到 19 世纪中期已经有了关于静电现象的库仑定律、关于电流和磁场关系的安培环路定律和法拉第电磁感应定律。

法拉第提出的关于电磁场的概念是尤为光辉的思想。他认为电磁场是真实的物理存在，并可用电力线和磁力线来表示。他还认为空间各处的电磁场不能突然发生，而是从电荷及电流所在之处逐渐向周围传播的。1846 年他发表了一篇论文，设想光是力线振动的表现。但令人遗憾的是，法拉第不精通数学，未能从他的发现中再前进一步去建立电磁场理论，但自此开始，电与磁的研究就分别在“路”与“场”这两大密切相关的阵地上展开了。他的这些论断，由英国科学家麦克斯韦所继承。

电磁场科学理论体系的创立要归功于伟大的物理学家同时也是数学教授的麦克斯韦（J.C.Maxwell）。麦克斯韦于 1856 年发表了《论法拉第力线》一文，对力线进行了严格的数学描述；他于 1861 年发表的《论物理力线》的重要论文中提出了电位移的概念，并称电位移矢量的时间导数为“位移电流”密度。这种电流与传导电流相似，同样可以产生磁场。这表明在电磁感应作用下磁场的变化产生电场，而变化的电场引起的位移电流又能产生磁场。1865 年，麦克斯韦在发表的《电磁场的动力学理论》论文中，采用法国数学家拉格朗日和爱尔兰数学家哈密顿在力学中所用的方法，描述电磁场的空间分布和时间变化规律，提出了电磁场的基本方程组，有 20 个方程、20 个变量。后经德国物理学家赫兹和英国电气工程师亥维赛德的整理与简化，成为描述电磁场的麦克斯韦方程组，共 4 个方程。麦克斯韦由这组方程导出了电磁场的波动方程，他预言电磁波的传播速度正是光速，从而断定光也是电磁波。

1886 年，赫兹用实验证明了电磁波的存在，使麦克斯韦的预言得到证实。他的电磁场理论具有相当普遍的意义，成为电工技术（包括无线电技术）的基本依据。

进入 20 世纪，随着电能应用越来越广，各种交流、直流电机和变压器等设备以规模日益扩大的趋势得到应用。研制各种电工设备，往往需要分析其中的电磁场分布，结合工艺、材料等方面的要求来设计和改进产品。而电磁场的分析，虽然有电磁场的方程提供了作为这类分析的依据，但由于实际问题非常复杂，能用解析方法做出分析的问题是很有限的。因此在电工技术中常采用物理模型实验以及 20 世纪 40 年代提出的模拟方法来分析解决这些问题。

自 20 世纪 50 年代以来，由于电子计算机的发展，有了求数值解的有力手段，扩大了可以进行计算问题的范围，电路仿真技术、电磁场仿真技术也逐步推广使用。电工理论随着科学技术的进步而不断地发展。

第四节　电与新技术革命

在第二次世界大战期间，出于战争的需要，各大国都加强了科学技术的研究，促成了以核能、电子计算机、宇航为代表的三大新技术革命的兴起，推动了 20 世纪中叶以后的第三次技术革命。第三次技术革命也称为新技术革命，它是由开发“人脑”的教育产业和制造“电脑”的科研产业共同作用的成果。它使社会的产业结构发生了根本性的变革：先进的农业生产技术取代了传统农业生产技术，技术密集型工业取代了传统劳动密集型工业，全新的产业不断涌现。

一、新理论的创立

（一）信息理论

信息论的创始人香农（Claude Elwood Shannon，1916—2001）出生于美国，1936 年毕业于密执安大学，获数学和电子工程学士学位；1940 年获得麻省理工学院数学博士学位和电子工程硕士学位。1941 年，他加入了贝尔实验室数学部，与当时贝尔实验室的许多著名科学家一起工作。他受到前辈工作的启示，创造性地继承了他们的事业。在信息领域中钻研了 8 年之后，于 1948 年在《贝尔系统技术杂志》上发表了他的长篇论著《通信的数学理论》。第二年，他又在同一杂志上发表了另一名著《噪声下的通信》。

在这两篇论著中，他解决了过去许多悬而未决的问题，经典地阐明了通信的基本理论，提出了通信系统的模型，给出了信息量的数学表达式，解决了信道容量、信源统计特性、信源编码、信道编码等有关精确地传送通信符号的基本技术问题。两篇文章成了现代信息论的奠基著作。而香农也一鸣惊人，成了信息论这门新兴学科的创始人。

信息论是一门用数理统计方法来研究信息的度量、传递和变换规律的科学。他建立的信息理论框架和术语已经成为技术标准。他的理论在通信工程应用中立即获得成功，并推动了当今信息时代的技术发展。

（二）系统理论

贝塔朗菲（Ludwig von Bertalanffy，1901—1972）是现代著名的理论生物学家、一般系统论的创始人。他生于奥地利首都维也纳附近的阿茨格斯多夫。1926 年获维也纳大学哲学博士学位，毕业后在该校任教；1948 年任加拿大渥太华大学医疗系系主任、教授；1969 年任纽约州立大学理论生物学研究中心教授。

20 世纪 20 年代，贝塔朗菲在研究理论生物学时，用机体论生物学批判并取代了当时的机械论和活力论生物学，建立了有机体系统的概念，提出了系统理论的思想。

从 20 世纪 30 年代末起，贝塔朗菲就开始从有机体生物学转向建立具有普遍意义和世界观意义的一般系统理论。1948 年，他发表了《关于一般系统论》，这可以看成是他创立一般系统论的宣言。

一般系统论是研究系统中整体和部分、结构和功能、系统和环境等之间的相互联系、相互作用问题。贝塔朗菲研究了机体系统、开放系统和动态系统的理论，试图以机体系统理论解释生命的本质。他还把开放系统作为系统的一般情形，全面考虑了开放系统的输入、输出和状态等基本因素，科学地解释了与开放系统有关的稳态等终极以及有序性的增加等问题。关于动态系统，他用数学的方法描述了系统的各种性质，如整体性、加和性、竞争性、机械性、集中性、终极性等。所有这些工作，为他的一般系统论奠定了理论基础。

（三）控制理论

控制理论的创始人维纳（Norbert Wiener，1894—1964）出生在美国密苏里州哥伦比亚市的一个犹太家庭，父亲是哈佛大学的语言教授。维纳自幼聪慧过人，12 岁考入大学学习，15 岁获取数学学士学位，其后进哈佛大学做了一年的动物学研究生，察觉自己不适合在实验室工作而改修哲学，19 岁时以《关于数理逻辑》的论文获得了哈佛大学数学和哲学两个博士学位。

1933 年，维纳由于有关陶伯定理的工作与莫尔斯分享了美国数学学会 5 年一次的博赫尔奖。同时，他当选为美国科学院院士。1935—1936 年，他在中国清华大学做访问教授期间与电机工程系教授李郁荣合作研究傅里叶变换滤波器。

维纳对科学发展做出的最大贡献是创立控制论。这是一门以数学为纽带，把研究自动调节、通信工程、计算机科学、计算技术、神经生理学和病理学等学科的共性问题而形成的边缘学科。1947 年 10 月，维纳写出划时代的著作《控制论》。这部著作于 1948 年出版后，立即风行世界。维纳的深刻思想引起了人们的极大重视。它揭示了机器中的通信和控制机能与人的神经、感觉机能的共同规律，为现代科学技术研究提供了崭新的科学方法。它从多方面突破了传统思想的束缚，有力地促进了现代科学思维方式和当代哲学观念的一系列变革。

二、电子计算机技术

电工技术和无线电技术的发展是电子计算机诞生的前提。20 世纪初，为了提高供电系统的安全性，在电工技术中已普遍使用继电器等器件对电气设备进行保护控制。20 世纪 30 年代，无线电广播已遍布全球，这就要求电子电路、元器件生产技术提高到新水平。而在第二次世界大战期间，出于战争需要，要快速计算炮弹弹道轨迹，则是促使计算机诞生的直接原因。

1938 年，一位在柏林飞机公司担任统计工作的德国人——楚泽出于“想偷懒”的动机，设计制造了一台名为“Z1”的由程序控制的计算机，代替人工完成部分统计工作。经过 3 年的试用和改进，于 1941 年他设计并制造出一台由电子管与机械继电器控制的计算机，命名为“Z3”，其计算速度有所提高。随后，在欧洲陆续设计出一些机械计算机，代替人工计算。

ENIAC（电子数字积分计算机的简称，英文全称为 Electronic Numerical Integrator and Computer）是世界上第一台电子计算机，它于 1946 年 2 月 15 日在美国宣告诞生。

第二次世界大战期间，宾夕法尼亚大学莫尔电机工程学院的莫希利（John Mauchly）于 1942 年提出了试制第一台电子计算机的初始设想——“高速电子管计算装置的使用”，希望用电子管代替部分继电器以提高机器的计算速度。

美国陆军军械部在马里兰州的阿伯丁设立了“弹道研究实验室”。美国军方要求该实验室每天为陆军炮弹部队提供 6 张火力表以便对导弹的研制进行技术鉴定。每张火力表都要计算许多条弹道，而每条弹道的数学模型是一组复杂的非线性方程。这些方程组没有办法求出准确解，只能用数值方法近似地进行计算。按当时的计算工具，实验室即使雇用多名计算员加班加点工作也要很长时间才能算完一张火力表。在战争年代，这么慢的速度完全解决不了实际需要。

美国军方得知这一情况，马上拨专款大力支持，成立了一个以莫希利、埃克特（Eckert）为首的研制小组开始研制工作。时任弹道研究所顾问、正在参加美国第一颗原子弹研制工作的数学家美籍匈牙利人冯·诺依曼（J.Nron Neumann，1903—1957）在带着原子弹研制过程中遇到的大量计算问题，在研制过程中期加入了研制小组，他对计算机的许多关键性问题的解决做出了重要贡献．从而保证了计算机的顺利问世。

ENIAC 体积庞大，耗电惊人。它使用了 1.8 万多个电子管和 1 500 多个继电器等元件，占地 170 m^2，质量达 30 t，耗电 140kW，运算速度不过 5000 次 /s 加、减法运算（现在的超级计算机的速度最快每秒运算达数万亿次），但它比当时已有的计算装置要快 1 000 倍，而且还有按事先编好的程序自动执行算术运算、逻辑运算和存储数据的功能。ENIAC 宣告了一个新时代的开始，从此计算机科学的大门被打开。

冯 · 诺依曼是 20 世纪最伟大的科学家之一。他出生于匈牙利首都布达佩斯的一个犹太人家庭。他 6 岁能心算 8 位数除法，8 岁学会微积分，12 岁读懂了函数论。通过刻苦学习，在 17 岁那年，他发表了第一篇数学论文，不久后又掌握 7 种语言，还在最新数学分支—集合论、泛函分析等理论研究中取得突破性进展。22 岁时，他在瑞士苏黎世联邦工业大学化学专业毕业。一年之后，他摘取布达佩斯大学的数学博士学位，转而研究物理，为量子力学研究数学模型，他在理论物理学领域占据了突出的地位。1933 年，他与爱因斯坦一起被聘为普林斯顿大学高级研究院的第一批终身教授。

"电子计算机之父"的桂冠，被戴在了数学家冯 · 诺依曼头上，而不是 ENIAC 的两位实际研究者，这是因为冯 · 诺依曼提出了现代计算机的体系结构。在 ENIAC 尚未投入运行前，冯 · 诺依曼就看出这台机器致命的缺陷，其主要弊端是程序与计算机两者分离。程序指令存放在机器的外部电路里，需要计算某个题目，必须首先用人工接通数百条线路，需要几十人干好几天之后，才可进行几分钟的运算。

1945 年 6 月，冯 · 诺依曼与戈德斯坦、勃克斯等人联名发表了一篇长达 101 页纸的报告，即计算机史上著名的"101 页报告"。报告明确规定了计算机的五大部件：计算器、逻辑控制装置、存储器、输入装置和输出装置，并用二进制替代十进制运算。EDVAC 方案的革命意义在于"存储程序"，以便计算机自动依次执行指令。人们后来把这种"存储程序"体系结构的机器统称为"诺依曼机"。由于种种原因，莫尔小组发生令人痛惜的分裂，EDVAC 机器无法被立即研制。1946 年 6 月，冯 · 诺依曼和戈德斯坦、勃克斯回到普林斯顿大学高级研究院，先期完成了另一台 ISA 电子计算机（ISA 是高级研究院的英文缩写），普林斯顿大学也成为电子计算机的研究中心。直到 1951 年，在极端保密的情况下，冯 · 诺依曼主持的 EDVAC 计算机才宣告完成，它不仅可应用于科学计算，还可用于信息检索等领域，主要缘于"存储程序"的威力。

英国数学家阿兰·图灵（Alan Turing，1912—1954）生于伦敦，他是计算机科学的先驱者、破译纳粹密码的关键人物。1936 年，他的研究成果——数理逻辑和计算理论为计算机的诞生奠定了基础；许多人工智能的重要方法也源自这位伟大的科学家。他对计算机的另一重要贡献在于他提出的有限状态自动机，也就是图灵机的概念。对于人工智能而言，他提出了重要的衡量标准"图灵测试"，如果有机器能够通过图灵测试，那它就是一个完全意义上的智能机，和人没有区别。阿兰 · 图灵的杰出贡献使他成为计算机界的第一人，现在人们为了纪念这位伟大的科学家将计算机界的最高奖定名为"图灵奖"。

1952 年年底，美国国际商用机器公司（IBM）的第一台 IBM 701 在纽约问世。

1946—1958年生产的第一代计算机使用真空电子管，其体积庞大，耗电量惊人。

1959—1963年生产的第二代计算机使用了晶体管。1959年，美国菲尔克公司研制的第一台晶体管计算机体积小、质量轻、耗电省，而运算速度提高到每秒几十万次。

第一代、第二代计算机主要使用在军事、科研、政府机关等机构，用于火箭、卫星、飞船等设计与发射、气象预报、飞机制造、航空业务管理等领域。

1964—1970年生产的第三代计算机使用了集成电路代替分立元件晶体管。1964年，美国IBM公司研制的第一台通用集成电路3690计算机，其运算速度达到每秒千万次，成本大规模降低，计算机开始进入普及阶段。

1971年至今生产的第四代计算机使用了大规模与超大规模集成电路元件。1980年全球拥有的微型计算机超过1亿台。计算机开始进入社会化、个人化阶段。机关、学校、企业及个人开始购买并使用计算机。

当前计算机的发展趋势是微型化、巨型化、网络化和智能化。未来计算机的发展趋势有高速超导计算机、光计算机、生物计算机、DNA计算机等更快速、智能化程度更高的计算机。

到底是谁发明了世界上“第一台电子计算机”也存在争议。据报道，美国爱荷华州立大学约翰·文森特·阿塔纳索夫（John Vincent Atanasoff）教授和他指导的研究生克利福特·贝瑞（Clifford Berry）先生在1937—1941年开发的“阿塔纳索夫一贝瑞计算机（Atanasoff—Berry Computer，ABC）”才是世界上第一台电子计算机。20世纪30年代，保加利亚裔的阿塔纳索夫在爱荷华州立大学物理系任副教授，为学生讲授物理和数学物理方法等课程。在求解线性偏微分方程组时，他的学生不得不面对繁杂的计算，那是一项要消耗大量时间的枯燥工作。于是阿塔纳索夫开拓新的思路，尝试运用模拟和数字的方法来帮助他的学生们去处理那些繁杂的计算问题。阿塔纳索夫和克利福特·贝瑞两人经过了无数次挫折与失败后，终于在1939年制造出来了一台完整的样机，证明了他们的设想是正确而可行的。人们把这台样机称为ABC，代表的是包含他们两人名字的计算机。这台计算机是电子与电器的结合，电路系统中装有300个电子真空管执行数字计算与逻辑运算，机器使用电容器来进行数值存储，数据输入采用打孔读卡的方法，还采用了二进位制。ABC的设计中已经包含了现代计算机中4个最重要的基本概念，它是一台真正现代意义上的电子计算机，这是不容置疑的。1973年，经美国法院最终裁决，阿塔纳索夫最终被认为是世界上电子计算机的真正发明人。阿塔纳索夫坝瑞计算机原机及其复原机至今还存列在爱荷华州立大学的展览馆里。

三、自动控制技术

自动控制是指在没有人直接参与的情况下，利用控制装置，对生产过程、工艺参数、目标要求等进行自动调节与控制，使之按照预定的程序执行各项任务并达到要求的指标。

自动控制技术属于信息科学和信息技术范畴，它是信息处理的一项新技术。控制系统主要由控制器和控制对象两大部分构成。控制系统的数学模型由两部分组成：一部分是目标函数，由一个关于状态变量 X(t)、控制变量 U(t) 和时间 £ 的函数的积分来表示；另一部分是约束条件，这些约束条件包括被控对象状态方程、状态的初始条件等。

电子计算机的发展是新技术革命的重要内容和主要标志之一。它迅速影响并推动了产业革命，从根本上改变了人类的生产和生活方式。不管是以汽车工业为代表的技术密集型产业，还是以核电为代表的能源工业，安全操作、废料处理都需要机器人来代替人类开展工作。

在生产领域，计算机被应用于实时控制，形成计算机管理生产系统，推动了自动化生产。生产自动控制技术早在 19 世纪初就已出现。1946 年，美国的福特提出“自动化”概念。1948 年，美国麻省理工学院教授维纳博士发表《控制论》后，自动控制研究兴起热潮。1952 年，美国麻省理工学院运用电子计算机和自动控制技术研制出三坐标数控机床，能按最佳控制要求在无人操作的情况下加工复杂的曲面零件。机床工业从此进入数控新时代。1965 年，美国数控机床达到机床产量的 1 / 5。

随后，全自动化生产经历了从生产线、生产车间到工厂的进步。在这一过程中，发电厂、炼油厂、化工厂、钢铁厂等企业很快实现了自动线与计算机的结合，极大地提高了生产效率，同时也提高了产品质量，并且十分安全可靠。自动化还开始应用到办公室和家庭，使管理工作更加科学化，日常生活更加方便舒适。

四、能源新技术

能源是经济和社会发展的重要的物质基础，是实现四个现代化以提高我国人民生活水平的先决条件。现代社会生产的不断发展，随着机械化、电气化、自动化程度的不断提高，生产上对能源的需求量也越来越大。能源和人民的衣、食、住、行等密切相关。能源与国防的关系甚为密切，不仅在生产各种武器上需用大量能源，而且在使用各种武器时也离不开能源。能源问题直接关系国民经济的发展、社会的进步和人民生活水平的提高。

在新技术革命中，能源问题特别受到重视。能源新技术包括各种能源资源从开采到最终使用各个环节的先进技术，它包括：①洁净煤技术：先进燃烧和污染处理技术；煤的气化与液化技术。②核能新技术：新一代压水堆核电站技术；核燃料的增殖——快中子增殖反应堆技术；新的供热资源——低温核供热堆和高温气冷堆技术；受控热核聚变能技术。③新能源技术：太阳能新技术、风能技术、生物质能利用新技术、波浪能和潮汐能利用技术、氢能利用技术。④节能新技术：余热回收利用技术、电子电力技术、高效电动机技术、高效节能照明技术、远红外线加热技术和电热膜加热技术。

在新技术革命中，人类继续直接或间接地使用天然能源。20 世纪 70 年代，法国在朗斯河口建成世界上第一座大型潮汐发电站；20 世纪 80 年代，美国在夏威夷建成一座 10 万

kW 的温差发电厂。到现在为止，世界上许多国家都在开发太阳能、风能发电项目；煤炭的液化、气化和石油综合利用等新技术的研究都取得了可喜的成果。

原子能的开发和利用是人类所完成的最伟大的能源革命。1941 年 12 月，意大利物理学家恩里科 · 费米（1901—1954）领导了美国第一个原子反应堆的建造。1942 年年底，反应堆建成正式运转，第一次实现了输出能大于输入能的核反应，宣告了人类利用原子能时代的开始。在第二次世界大战结束后，一些国家先后建立了原子反应堆，为和平利用原子能开辟了道路。

1954 年 6 月，苏联在奥布宁斯克建成世界上第一座核电站（装机容量只有 5000 kW）。1956 年 10 月和 1957 年，英国和美国也相继建成核电站（装机容量分别为 10 万 kW 和 23.6 万 kW）。

1991 年 12 月，在美丽富饶的杭州湾畔，中国第一座依靠自己的力量设计、建造的秦山核电站首次并网发电，装机容量 30 万 kW。1985 年 3 月浇灌第一罐核岛底板混凝土，1994 年 4 月投入商业运行，1995 年 7 月通过国家验收。它的建成投产结束了祖国大陆无核电站的历史，是我国和平利用核能的光辉典范，同时也使我国成为继美国、英国、法国、俄罗斯、加拿大、瑞典之后世界上第七个能够自行设计、建造核电站的国家。

五、航空航天技术

航空航天技术是在 20 世纪 50 年代后期蓬勃发展起来的一门新兴的、综合性的高新技术。它主要利用空间飞行器作为手段来研究发生在空间的物理、化学和生命等自然现象，它综合应用了几百年来人类在数学、天文学、物理学、生物学和医学等方面的研究成果，又和当代许多科学：控制理论、系统理论、信息理论、计算机科学与技术、材料科学、电子科学与技术等的发展密切相关，它是衡量一个国家科技水平、综合国力和发展程度的主要标志之一。

第二次世界大战极大地促进了航空事业的发展。战前的飞机主要是用内燃机作动力的螺旋桨式，速度一般都低于音速。1939 年 8 月，德国首先研制成功喷气式飞机。1949 年，英国研制出第一架喷气式客机，时速超过 800 km。1951 年，苏联研制成功米格战斗机。1957 年 1 月，苏联研制成功第一代喷气客机。美国波音 707 喷气式客机也于 1958 年交付使用。

第二次世界大战结束后，德国先进的火箭技术和人才被美国和苏联瓜分。起初美国似乎对发展远程火箭热情不高，火箭技术发展缓慢。而苏联预见到远程火箭能在军事上发挥巨大作用，火箭技术得到迅猛发展。空间技术的形成以 1957 年 10 月 4 日苏联成功地将世界上第一颗人造地球卫星——“斯普特尼克 1 号”送上太空为标志。从此，人造天体的诞生开创了空间时代的新纪元。空间技术的发展经历了 3 个阶段：

第一阶段（1957—1964 年）为基础技术与应用技术试验阶段。向地球周围及太阳系发射无人探测卫星或探测器，其目的是探测空间温度、宇宙射线强度等环境条件并检验电子仪器、设备工作性能。这一阶段的工作由美、苏两国完成。1958 年 2 月 1 日，美国“探险者 1 号”人造卫星发射成功；1959 年 1 月 2 日，苏联发射第一颗人造行星；1959 年 10 月 4 日，苏联发射第 3 号宇宙火箭，它拍摄的月球背面照片向全世界传播；1961 年 4 月 12 日，苏联宇航员加加林首次乘飞船“东方 1 号”绕地球一周，在太空飞行 108 min 后安全返回地面，实现了人类遨游太空的梦想。

第二阶段（1964—1979 年）为实际应用发展阶段。这个阶段发展了各种应用卫星技术：通信卫星、地球资源探测卫星、导航卫星等，主要的成就有美、苏两大国在太空布置各种卫星网、各种探测器飞向太阳系各大行星。1964 年 8 月 19 日，美国发射第一颗地球同步静止轨道通信卫星，火箭—卫星技术达到了一个新的水平。从此，全球卫星通信事业发展迅速。1969 年 7 月 21 日，美国“阿波罗 Il 号”宇宙飞船登月成功，宇航员阿姆斯特朗和奥尔德林在月球上留下了人类的第一个脚印，如图 1-28、图 1-29 所示。1975 年 7 月 15 日，美国的“阿波罗”飞船与苏联的“联盟 19 号”飞船在太空实现对接并进行联合飞行。

1970 年 4 月 24 日，中国发射第一颗人造地球卫星“东方红 1 号”，成为继苏、美、法、日后第五个发射人造卫星的国家。

第三阶段（1979 年至今）为航空航天技术的商业化与军事化发展阶段。这个阶段一系列的商用卫星，如通信卫星、气象卫星、地球资源探测卫星、导航卫星等；军事卫星，如侦察卫星、环球定位系统卫星等投入使用。同时发展了各种应用卫星技术，如通信卫星、地球资源探测卫星、导航卫星等。航天器中还出现了轨道空间站，遥感技术发展到了航天遥感新阶段。

航空航天技术是许多科学技术的综合，它具有巨大的科学价值和经济意义。航空航天技术的研究和开发已发展成为一项利润丰厚的产业。航空航天技术的发展，需要大量先进的电子仪器、设备，它对新材料技术、电子信息技术、精密加工技术等提出了极高的要求。航空航天技术对整个科学技术领域、国民经济与社会发展都产生了巨大的影响，它代表着一个国家的科技、工业发展的水平，并带动许多工业技术的发展。

六、电子信息技术

电子信息技术指是以电子技术为基础的计算机技术和电信技术相结合而形成的技术手段，对声音、图像、文字、数字等各种信号的获取、加工、处理、存储、传播和使用的先进技术。

20 世纪是通信技术迅速发展的时期。1920 年，当人们发现电离层对无线电短波的反射作用后，从此，短波通信成为国际通信的主要传输手段，通信距离也有了极大增加。1935 年，雷达研制成功并迅速应用于军事及民用通信领域，促进了微波通信技术的发展。第二次世界大战后兴起的微波多路通信技术，在一条微波通信信道上能同时开通数千路甚至数万路电话。微波由于其波长短的特点，具有直线传播的局限性，在地面传播时容易被障碍物反射，因此它的传播只在视距范围内有效。要实现远距离传送信号，必须每隔一段距离建立一个中继站用以安装收、发设备来转发信号。

20 世纪 60 年代以后，无线电通信进入卫星时代。卫星通信克服了微波中继通信的缺点，它具有波长短、穿透力强的特性，可以突破大气层特别是电离层对一般无线电波的屏蔽作用，使通信范围可以延伸到宇宙空间。1964 年 8 月 19 日，美国发射第一颗地球同步静止轨道通信卫星，可以把电视信号从美国传送到欧洲，打破了中继时代大西洋对信号的隔离。1980 年发射的“国际通信卫星 5 号”由美国、法国、联邦德国、意大利和日本共同研制，共耗资 7 500 万美元。

计算机在信息的传输、接受和处理过程方面具有高效能和通用性的特点，其发展和应用成为信息技术革命的中心。自 20 世纪 70 年代以来，随着计算机的日益普及，计算机网络系统建立起来，并出现集电话、计算机、电视机、录像机、打字机、报纸等功能于一身的信息器。人们开始用互联网获取信息。网络教育、网络医疗、网络电子商务等越来越普及。

通信技术的飞速发展还表现在传真机、寻呼机、移动电话等的大量生产和使用上。移动通信是高频无线电波在移动物体之间或移动物体与固定物体之间进行信息传输交流的通信方式，是当前发展最快的通信领域。信息服务业已成为世界上发展最快的新兴行业之一。自 1984 年在上海开通第一个 BP 机寻呼台，20 多年来，经过了 BP 机、大哥大兴亡的全过程。2008 年年底，全国内地手机用户已达到了 5 746 亿户，中国已成为名副其实的世界无线通信大国。信息产业的发展引起整个社会生活的巨大变革。人类迈进电子信息时代。

目前，世界各国都致力于高新技术的发展。在 21 世纪研究开发的高新领域中，电子信息技术是重点研究开发的领域。人类文明的发展历史告诉我们，科学技术的每一次重大突破，都会引起生产力的深刻变革与人类社会的巨大进步。科学技术已成为推动生产力发展的最活跃因素和促进社会进步的决定性力量。电子信息技术的不断发展必将给人类社会带来美好前程。

七、新材料技术

新技术革命造成材料科学的巨大变革，具有优异特性、特殊功能的新型材料层出不穷。新型材料主要包括合成化学材料、半导体材料和超导材料。

现代高分子聚合物主要是由石油或天然气做原料的合成纤维、合成橡胶与塑料“三大合成材料”。它们日益取代天然纤维、天然橡胶和木材等大部分天然材料，在解决人们的穿着、建筑和交通等方面做出了巨大贡献。

毫不夸张地说，20 世纪 70 年代至 90 年代的大多数技术成就，主要取决于微电子技术的发展。1947 年 12 月，美国贝尔实验室的肖克莱、巴丁和布拉顿组成的研究小组，研制出一种点接触型的锗晶体管。晶体管的问世，是20世纪的一项重大发明，是微电子革命的先声。晶体管出现后，人们就能用一个小巧的、消耗功率低的电子器件，来代替体积大、功率消耗大的电子管。晶体管的发明又为后来集成电路的降生吹响了号角。

集成电路的发明者杰克·基尔比出生在堪萨斯州并在伊利诺伊州立大学就读。在第二次世界大战服役之后，基尔比于1947年在美国伊利诺伊州完成了电气工程学士学位的课程。毕业后他去了密尔沃基工作，并在那里首次接触了作为集成电路基础元件的晶体管，后来，他又在威斯康星州立大学获得了硕士学位。1958年，基尔比开始为德州仪器公司工作，并且发明了集成电路。除了诺贝尔奖之外，基尔比还获得了美国政府最高级别的技术奖：国家科学勋章和国家技术勋章。

晶体管、集成电路的发明引起了电子工业革命并产生半导体电子学。硅生产技术的进步，使大功率晶体管、整流器、太阳能电池以及集成电路的生产得以迅速发展，半导体工业崛起。

科技界正在探索新的半导体材料，如化合物半导体材料、有机半导体材料等。

超导现象最早由荷兰物理学家昂尼斯于1911年发现。他利用液态氦的低温环境，测定电阻随温度的变化关系，观察到汞在4.2K附近时，它的电阻会突然减少到零，变成了超导体。在低温物理方面做出的杰出贡献，使昂尼斯获得1913年诺贝尔物理学奖。

迄今为止，人们已发现地球在常态下的28种金属元素以及合金和化合物具有超导电性。还有一些元素只在高压下具有超导电性。1958年，美国伊利诺伊大学的巴丁、库柏和斯里弗提出超导电量子理论（简称巴库斯理论），使超导电研究进入微观领域。超导电材料具有零电阻和抗磁性两大特点，在科学技术领域显示出巨大的应用价值，特别是在电工技术领域。例如，超导电缆在理论上可以无损耗地传送电能；利用超导材料制造变压器，可以大幅度降低激磁损耗、缩小体积、减轻质量、提高效率；利用超导材料制造发电机，可以使单机功率极限由常规材料的200万kW提高5—10倍。提高超导临界温度是推广应用的关键之一。

在新技术革命中，科学的地位更加突出。以生命科学为例，其研究经历了从群体、个体、细胞，发展到分子水平的进步，提出用基因工程来改造生物，并被广泛用于生产、生活领域。在农业方面，可以培育抗病新品种；在医学方面，可以有效地预防和治疗许多疾病；在环保方面，可以改善人类的生活环境。

第五节　新理论、新材料对电气工程技术的影响

到19世纪末，电工技术已在电力和电信两方面都取得了巨大的成功。在20世纪的前30年中，物理学的研究获得重大突破，建立了量子论和相对论，使人们对物质世界从小至原子到大至天体的认识都更为深入。20世纪初，电子管的发明带来了通信技术、无线

电广播的兴起和繁荣。

20 世纪 40 年代末，半导体三极管的发明标志着电子技术进入了一个新的阶段，很快就出现了多种半导体器件，它们在体积小、质量轻、功耗低等方面显示出优越的性能，使电气工程中的控制设备得到进一步的升级。

同样，20 世纪 40 年代末发明的电子计算机是科技进步新的里程碑，计算机软件技术不断完备。20 世纪 50 年代末研究出多种计算机语言，使得计算机的使用日趋方便。高速、大容量的电子计算机的作用已远不限于用作快速的计算工具，而是在生产、科学研究、管理等乃至社会生活的许多其他方面都成为技术进步的非常有力的手段。20 世纪 50 年代发明的集成电路，使电子技术跨进了集成电路、大规模集成电路和超大规模集成电路的时代。这些技术的出现，对电工技术产生了极大的影响。

到 20 世纪 50 年代以后，在受控热核聚变研究和空间技术的推动下，等离子物理学与放电物理学蓬勃发展，在理论和应用两方面都取得了丰硕成果。

放电物理主要是研究气体放电的物理图像和气体放电中的各种基本过程、其主要的特性和相关的机理以及常见的放电形式。

等离子体是宇宙中绝大部分可见物质的存在形式，其密度跨越 30 个量级而温度跨越 8 个量级。作为迅速发展的新兴学科，等离子体科学已涵盖了受控热核聚变、低温等离子体物理及应用、基础等离子体物理、国防和高技术应用、天体和空间等离子体物理等分支领域。这些研究领域对人类面临的能源、材料、信息、环保等许多全局性问题的解决具有重大意义。

由电磁流体力学的理论而获得的磁流体发电是一种新型的发电方法。它把燃料的热能直接转化为电能，省略了由热能转化为机械能的过程。这种发电方法效率较高，可达到 60% 以上。同样烧煤，它能发电 4 500 kW，对环境的污染也小，而汽轮发电机只能发电 3000 kW.h。

燃煤磁流体发电技术也称为等离子体发电。它是磁流体发电的典型应用，燃烧煤而得到 2.6×106℃以上的高温等离子气体并以高速流过强磁场时，气体中的电子受磁力作用，沿着与磁力线垂直的方向流向电极，发出直流电，经直流逆变为交流送入交流电网。

直线电机可以认为是旋转电机在结构方面的一种变形，它可以看成是一台旋转电机沿其径向剖开，然后拉平演变而成。近年来，随着自动控制技术和微型计算机的高速发展，对各类自动控制系统的定位精度提出了更高的要求，在这种情况下，传统的旋转电机再加上一套变换机构组成的直线运动驱动装置，已经远不能满足现代控制系统的要求。为此，近年来世界许多国家都在研究、发展和应用直线电机，使得直线电机的应用领域越来越广。

磁悬浮列车是一种利用磁极吸引力和排斥力的高科技交通工具。简单地说，排斥力使列车悬起来，吸引力让列车开动。磁悬浮列车上装有电磁体，铁路底部则安装线圈。通电后，地面线圈产生的磁场极性与列车上的电磁体极性总保持相同，两者“同性相斥”，排斥力使列车悬浮起来。铁轨两侧也装有线圈，交流电使线圈变为电磁体。它与列车上的电磁体相互作用，使列车前进。列车头的电磁体（N 极）被轨道上靠前一点的电磁体（S 极）所吸引，同时被轨道上稍后一点的电磁体（N 极）所排斥——结果是一“推”—“拉”。磁悬浮列车运行时与轨道保持一定的间隙（一般为 1—10 cm），其运行安全、平稳舒适、无噪声，可以实现全自动化运行。

20 世纪 60 年代发明了激光技术。由激光器发出的光有相干性良好、能量密度高等特点，它首先在计量技术中得到应用。20 世纪 60 年代末又利用它实现了光纤通信。这一技术是当代电子技术的又一大进展。它在电力系统通信中得到广泛应用。20 世纪的许多重大技术进步都是在多方面的理论和技术综合应用的基础上实现的。电工技术在新技术进展中起着不可缺少的支持作用，新的技术进展又不断促进电工技术的进步。新的发电方式如磁流体发电已经实现，超导技术的进展可能在电工技术中引起广泛的革新，等离子体研究的成果带来了实现受控核聚变的希望，在科技理论中信息论、控制论、系统工程等众多学科先后出现，各学科技术相互影响和发展，形成了当代科技进步的洪流，电工科技也将在其中继续发展。

当前世界上消耗的能量 99% 来自煤、石油、天然气等化石燃料，这些燃料是十分宝贵的化工原料，付之一炬，实在可惜，而地下蕴藏量极其有限。更为严重的是，它们燃烧时会释放出大量的有害气体，污染环境，破坏生态，有损健康。现在所谓的清洁能源——核能发电是核裂变反应能，它存在两大问题：一是燃料铀的储存量有限，不足以人类用几百年；二是放射反应产生的废物难以安全保存。

一、能源、电力

受控热核聚变是等离子体最诱人的应用领域，也是彻底解决人类能源危机的根本办法。

它是在人工控制条件下，将轻元素在高温等离子体状态下约束起来，聚合成的原子核反应释放出能量。其优点是：原料蕴藏量丰富，轻元素氘可以从海水中提取，世界上海水所含有的氘，若全部用来发电，可供人类使用数亿年。另外，受控热核聚变产生的放射性废物少，运行安全可靠，不会对环境造成威胁。美国、法国等国在 20 世纪 80 年代中期发起了耗资 46 亿欧元的“国际热核实验反应堆”计划，旨在建立世界上第一个受控热核聚变实验反应堆，为人类输送巨大的清洁能量。这一过程与太阳产生能量的过程类似，受控热核聚变实验装置也被俗称为“人造太阳”。中国于 2003 年加入国际热核实验反应堆计划。位于安徽合肥的中国科学院等离子体研究所是国际科技合作计划的国内主要承担单位，其研究建设的“全超导非圆截面托卡马克核聚变实验装置”，于 2006 年 9 月 28 日首次成功完成了放电实验，获得电流 200kA、时间接近 3s 的高温等离子体放电，稳定放电能力超过世界上所有正在建设的同类装置。虽然“人造太阳”的奇观在实验室中初现，但离真正的商业运行还有相当长的时间，它所发出的电能在短时间内还不可能进入人们的家中。根据目前世界各国的研究状况，这一梦想最快有可能在 30—50 年后实现。

二、交通运输

在交通运输领域，人们对磁悬浮列车、磁流体推进船和电动汽车的研究获得重大进展，特别在电动汽车研究方面，已达到实用阶段。目前人们所说的电动汽车多是指纯电动汽车，即是一种采用单一蓄电池作为储能动力源的汽车。它利用蓄电池作为储能动力源，通过电池向电动机提供电能，驱动电动机运转，从而推动汽车前进。从外形上看，电动汽车与日常见到的汽车并没有什么区别，区别主要在于动力源及其驱动系统。

电动汽车是综合技术的产物，它涉及机械、材料、化工、电机、电力、控制及能量支配管理系统。电驱动技术是电动汽车的关键技术，它包含电机、功率电子器件、控制技术3个主要方面，与电工领域密切相关。电动汽车是21世纪研究的热点。

电动汽车的优点是无污染、噪声低、能源效率高、结构简单、使用维修方便。现阶段存在的缺点是动力电源使用成本高、续驶里程短。

三、超导电工

超导体在电气工程中的应用是一个发展趋势。

超导储能是利用超导线圈将电磁能直接储存起来，需要时再将电磁能返回电网或其他负载。超导储能装置一般由超导线圈、低温容器、制冷装置、变流装置和测控系统几个部件组成。其中，超导线圈是超导储能装置的核心部件，它可以是一个螺旋管线圈或是一个环形线圈。螺旋管线圈结构简单，但是周围杂散磁场较大，而环形线圈周围散磁场较小，但是结构较为复杂。

超导故障限流器是利用超导体的超导与正常态转变特性，快速而有效地限制电力系统故障短路电流的一种电力设备。超导故障限流器集检测、触发和限流于一体，反应速度快，正常运行损耗低，能自动复位，克服了常规熔断器只能使用一次的缺点。

超导电机一般分为绕组型超导电机和块材型超导电机。绕组型超导电机是指电机的定子绕组或转子绕组由超导线绕制的线圈组成，而块材型超导电机是指电机转子由高温超导块材组成。超导电机采用了超导体，超导电机运行的电流密度和磁通密度都大大地提高了。超导电机的基本结构和常规电机相似，主要由转子、定子组成，只是还需要有相应的低温容器使超导体处于超导态。

目前，超导电缆制造处于实用化研究阶段。

超导变压器一般都采用与常规变压器一样的铁芯结构，仅高、低压绕组采用超导绕组。超导绕组置于非金属低温容器中，以减少涡流损耗。变压器铁芯一般仍处在室温条件下。超导变压器的优点是体积小、质量轻、效率高，同时由于采用高阻值的基底材料，因此具有一定的限制故障电流的作用。

第二章　电气工程的分类

第一节　电机工程

一、电机的作用

电能在生产、传输、分配、使用、控制及能量转换等方面极为方便。在现代工业化社会中，各种自然能源一般都不直接使用，而是先将其转换为电能，然后再将电能转变为所需要的能量形态（如机械能、热能、声能、光能等）加以利用。电机是以电磁感应现象为基础实现机械能与电能之间的转换以及变换电能的装置，包括旋转电机和变压器两大类，是工业、农业、交通运输业、国防工程、医疗设备以及日常生活中十分重要的设备。

电机的作用主要表现在以下三个方面：

1. 电能的生产、传输和分配

在电力工业中，电机是发电厂和变电站中的主要设备。由汽轮机或水轮机带动的发电机将机械能转换成电能，然后用变压器升高电压，通过输电线把电能输送到用电地区，再经变压器降低电压，供用户使用。

2. 驱动各种生产机械和装备

在工农业、交通运输、国防等部门和生活设施中，极为广泛地应用各种电动机来驱动生产机械、设备和器具。例如，数控机床、纺织机、造纸机、轧钢机、起吊、供水排灌、农副产品加工、矿石采掘和输送、电车和电力机车的牵引、医疗设备及家用电器的运行等一般都采用电动机来拖动。发电厂的多种辅助设备，如给水机、鼓风机、传送带等，也都需要电动机驱动。

3. 用于各种控制系统以实现自动化、智能化

随着工农业和国防设施自动化水平的日益提高，还需要多种多样的控制电动机作为整个自动控制系统中的重要元件。可以在控制系统、自动化和智能化装置中作为执行、检测、放大或解算元件。这类电动机功率一般较小，但品种繁多、用途各异，例如，可用于控制机床加工的自动控制和显示、阀门遥控、电梯的自动选层与显示、火炮和雷达的自动定位、飞行器的发射和姿态等。

二、电机的分类

电机的种类很多。按照不同的分类方法，电机可有如下分类：

1. 按照在应用中的功能来分

电机可以分为下列各类：

（1）发电机。由原动机拖动，将机械能转换为电能的电机。

（2）电动机。将电能转换为机械能的电机。

（3）将电能转换为另一种形式电能的电机，又可以细分为：①变压器，其输出和输入有不同的电压；②变流机，输出与输入有不同的波形，如将交流变为直流；③变频机，输出与输入有不同的频率；④移相机，输出与输入有不同的相位。

（4）控制电机。在机电系统中起调节、放大和控制作用的电机。

2. 按照所应用的电流种类分类

电机可以分为直流电机和交流电机两类。

按原理和运动方式分类，电机又可以分为：（1）直流电机，没有固定的同步速度；（2）变压器，静止设备；（3）异步电机，转子速度永远与同步速度有差异；（4）同步电机，速度等于同步速度；（5）交流换向器电机，速度可以在宽广的范围内随意调节。

3. 按照功率大小

电机可以分为大型电机、中小型电机和微型电机等。

电机的结构、电磁关系、基础理论知识、基本运行特性和一般分析方法等知识都在电机学这门课程中讲授。电机学是电气工程及其自动化本科专业的一门核心专业基础课。基于电磁感应定律和电磁力定律，以变压器、异步电机、同步电机和直流电机四类典型通用电机为研究对象，以此来阐述它们的工作原理和运行特性，着重于稳态性能的分析。

随着电力电子技术和电工材料的发展，出现了一些其他特殊电机，它们并不属于上述传统的电机类型，如永磁无刷电动机、直线电机、步进电动机、超导电机、超声波压电电机等，这些电机通常被称为特种电机。

三、电机的应用领域

1. 电力工业

（1）发电机。发电机是将机械能转变为电能的机械，发电机将机械能转变成电能后输送到电网。由燃油与煤炭或原子能反应堆产生的蒸汽将热能变为机械能的蒸汽轮机驱动的发电机称为汽轮发电机，用于火力发电厂和核电厂。由水轮机驱动的发电机称为水轮发电机，也是同步电机的一种，用于水力发电厂。由风力机驱动的发电机称为风力发电机。

（2）变压器。变压器是一种静止电机，其主要组成部分是铁芯和绕组。变压器只能改变交流电压或电流的大小，不能改变频率；它只能传递交流电能，而不能产生电能。为了将大功率的电能输送到远距离的用户中去，需要用升压变压器将发电机发出的电压（通常只有 10.5~20kV）逐级升高到 110~1000kV，用高压线路输电可以减少损耗。在电能输送到用户地区后，再用降压变压器逐级降压，供用户使用。

2. 工业生产部门与建筑业

工业生产广泛应用电动机作为动力。在机床、轧钢机、鼓风机、印刷机、水泵、抽油机、起重机、传送带和生产线等设备上，大量使用中、小功率的感应电动机，这是因为感应电动机结构简单，运行可靠、维护方便、成本低廉。感应电动机约占所有电气负荷功率的 60%。

在高层建筑中，电梯、滚梯是靠电动机曳引的。宾馆的自动门、旋转门都是由电动机驱动的，建筑物的供水、供暖、通风等需要水泵、鼓风机等，这些设备也都是由电动机驱动的。

3. 交通运输

（1）电力机车与城市轨道交通。电力机车与城市轨道交通系统的牵引动力是电能，机车本身没有原动力，而是依靠外部供电系统供应电力，并通过机车上的牵引电动机驱动机车前进，电力牵引系统如图 1-1 所示。机车电传动实质上就是牵引电动机变速传动，用交流电动机或直流电动机均能实现。普通列车只有机车是有动力的（动力集中），而高速列车的牵引功率大，一般是采用动车组（动力分散）方式，即部分或全部车厢的转向架也有牵引电动机作为动力。目前，世界上的电力牵引动力以交流传动为主体。

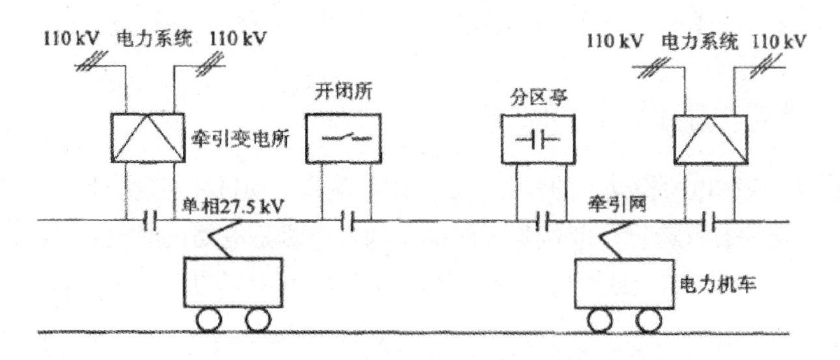

图 2—1　电力牵引系统示意图

（2）内燃机车。内燃机车是以内燃机作为原动力的一种机车。电力传动内燃机车的能量传输过程是由柴油机驱动主发电机发电，然后向牵引电动机供电使其旋转，并通过牵引齿轮传动驱动机车轮对旋转。根据电机型式的不同，内燃机车可分为直—直流电力传动、交—直流电力传动、交—直—交流电力传动和交—交流电力传动等类型。

（3）船舶。目前绝大多数船舶还是依靠内燃机直接推进的，内燃机通过从船腹伸到船尾外部的粗大的传动轴带动螺旋桨旋转推进。

（4）汽车。在内燃机驱动的汽车上，从发电机、启动机到雨刷、音响，都要用到大大小小的电机。一辆现代化的汽车，可能要用几十台甚至上百台电机。

（5）电动车。电动车包括纯电动车和混合动力车，由于目前电池的功率密度与能量密度较低，所以，内燃机与电动机联合提供动力的混合动力车目前发展较快。

（6）磁悬浮列车。磁悬浮铁路系统是一种新型的有导向轨的交通系统，主要依靠电磁力实现传统铁路中的支承、导向和牵引功能。

（7）直线电动机轮轨车辆。直线感应电动机牵引车辆是介于轮轨与磁悬浮车辆之间的一种机车，兼有轮轨安全可靠和磁悬浮非黏着牵引的优点。

4. 医疗、办公设备与家用电器

在医疗器械中，心电机、X 光机、CT、牙科手术工具、渗析机、呼吸机、电动轮椅等；在办公设备中，计算机的 DVD 驱动器、CD—ROM、磁盘驱动器主轴都采用永磁无刷电动机。打印机、复印机、传真机、碎纸机、电动卷笔刀等都用到各种电动机。在家用电器中，只要有运动部件，几乎都离不开电动机，如电冰箱和空调器的压缩机、洗衣机转轮与甩干筒、吸尘器、电风扇、抽油烟机、微波炉转盘、DVD 机、磁带录音机、录像机、摄像机、全自动照相机、吹风机、按摩器、电动剃须刀等，不胜枚举。

5. 电机在其他领域的应用

在国防领域中，航空母舰用直线感应电动机飞机助推器取代了传统的蒸汽助推器；电舰船、战车、军用雷达都是靠电动机驱动和控制的。在战斗机机翼上和航空器中，用电磁执行器取代传统的液压、气动执行器，其主体是各种电动机。再如，演出设备（如电影放映机、旋转舞台等），运动训练设备（如电动跑步机、电动液压篮球架、电动发球机等），家具，游乐设备（如缆车、过山车等），以及电动玩具的主体也都是电动机。

四、电动机的运行控制

电气传动（或称电力拖动）的任务，是合理地使用电动机并通过控制，使被拖动的机械按照某种预定的要求运行。世界上约有 60% 的发电量是电动机消耗的，因此，电气传动是非常重要的领域，而电动机的启动、调速与制动是电气传动的重要内容，电机学对电气传动有详细的介绍。

1. 电动机的启动

笼形异步电动机的启动方法有全压直接启动、降低电压启动和软启动三种方法。

直流电动机的启动方法有直接启动、串联变阻器启动和软启动三种方法。

同步电动机本身没有启动转矩，其启动方法有很多种，有的同步电动机将阻尼绕组和实心磁极当成二次绕组而作为笼形异步电动机进行启动，也有的同步电动机把励磁绕组和绝缘的阻尼绕组当成二次绕组而作为绕线式异步电动机进行启动。当启动加速到接近同步转速时投入励磁，就会进入同步运行。

2. 电动机的调速

调速是电力拖动机组在运行过程中的基本要求，直流电动机具有在宽广范围内平滑经济调速的优良性能。直流电动机有电枢回路串电阻、改变励磁电流和改变端电压三种调速方式。

交流电动机的调速方式有变频调速、变极调速和调压调速三种，其中以变频调速应用最为广泛。变频调速是通过改变电源频率来改变电动机的同步转速，使转子转速随之变化的调速方法。在交流调速中，用变频器来改变电源频率。变频器具有高效率的驱动性能和良好的控制特性，且操作方便、占地面积小，因而得到广泛应用。应用变频调速可以节约大量电能，提高产品质量，从而实现机电一体化。

3. 电动机的制动

制动是生产机械对电动机的特殊要求，制动运行是电动机的又一种运行方式，它是一边吸收负载的能量一边运转的状态。电动机的制动方法有机械制动方法和电气制动方法两大类。机械制动方法是利用弹力或重力加压产生摩擦来制动的。机械制动方法的特征是即使在停止时也有制动转矩作用，其缺点是要产生摩擦损耗。电气制动是一种由电气方式吸收能量的制动方法，这种制动方法适用于频繁制动或连续制动的场合，常用的电气制动方法有反接制动、正接反转制动、能耗制动和回馈制动几种。

五、电器的分类

广义上的电器是指所有用电的器具，但是在电气工程中，电器特指用于对电路进行接通、分断，对电路参数进行变换以实现对电路或用电设备的控制、调节、切换、监测和保护等作用的电工装置、设备和组件。电机（包括变压器）属于生产和变换电能的机械设备，我们习惯上不将其包括在电器之列。

电器按功能可分为以下几种：

1. 用于接通和分断电路的电器，主要有断路器、隔离开关、重合器、分段器、接触器、熔断器、刀开关、接触器和负荷开关等。

2. 用于控制电路的电器，主要有电磁启动器、星形—三角形启动器、自耦减压启动器、频敏启动器、变阻器、控制继电器等，用于电机的各种启动器正越来越多地被电力电子装置所取代。

3. 用于切换电路的电器，主要有转换开关、主令电器等。

4. 用于检测电路参数的电器，主要有互感器、传感器等。

5. 用于保护电路的电器，主要有熔断器、断路器、限流电抗器和避雷器等。

电器按工作电压可分为高压电器和低压电器两类。在我国，工作交流电压在 1000V 及以下，直流电压在 1 500 V 及以下的属于低压电器；工作交流电压在 1 000 V 以上，直流电压在 1500V 以上的属于高压电器。

第二节 电力系统工程

一、电力系统的组成

电力系统是由发电、变电、输电、配电、用电等设备和相应的辅助系统，按规定的技术和经济要求组成的一个统一的系统。电力系统主要是由发电厂、电力网和负荷等组成。发电厂的发电机将一次能源转换成电能，再由升压变压器把低压电能转换为高压电能，经过输电线路进行远距离输送，在变电站内进行电压升级，送至负荷所在区域的配电系统，再由配电所和配电线路把电能分配给电力负荷（用户）。

电力网是电力系统的一个组成部分，是由各种电压等级的输电、配电线路以及它们所连接起来的各类变电所组成的网络。由电源向电力负荷输送电能的线路，称为输电线路。包含输电线路的电力网称为输电网；担负分配电能任务的线路称为配电线路，包含配电线路的电力网称为配电网。电力网按其本身结构可以分为开式电力网和闭式电力网两类。凡是用户只能从单个方向获得电能的电力网，称为开式电力网；凡是用户可以从两个或两个以上方向获得电能的电力网，称为闭式电力网。

动力部分与电力系统组成的整体称为动力系统。动力部分主要指火电厂的锅炉、汽轮机，水电厂的水库、水轮机和核电厂的核反应堆等。电力系统是动力系统的一个组成部分。发电、变电、输电、配电和用电等设备称为电力主设备，主要有发电机、变压器、架空线路、电缆、断路器、母线、电动机、照明设备和电热设备等。由主设备按照一定要求连接成的系统称为电气一次系统（又称为电气主接线），第 3 章将对其作基础知识介绍。为保证一次系统安全、稳定正常运行，对一次设备进行操作、测量、监视、控制、保护、通信和实现自动化的设备称为二次设备，由二次设备构成的系统称为电气二次系统。

二、电力系统运行的特点

1. 电能不能大量存储

电能生产是一种能量形态的转变，要求生产与消费同时完成，即每时每刻电力系统中电能的生产、输送、分配和消费实际上同时进行，发电厂任何时刻生产的电功率等于该时刻用电设备消耗功率和电网损失功率之和。

2. 电力系统暂态过程非常迅速

电是以光速传播的，所以，电力系统从一种运行方式过渡到另外一种运行方式上所引起的电磁过程和机电过渡过程是非常迅速的。通常情况下，电磁波的变化过程只有千分之几秒，甚至百万分之几秒，即为微秒级；电磁暂态过程为几毫秒到几百毫秒，即为毫秒级；

机电暂态过程为几秒到几百秒，即为秒级。

3. 与国民经济的发展密切相关

电能供应不足或中断供应，将直接影响国民经济各个部门的生产和运行，也将影响人们的正常生活，在某些情况下甚至会造成政治上的影响或极其严重的社会性灾难。

三、对电力系统的基本要求

1. 保证供电可靠性

保证供电的可靠性，是对电力系统最基本的要求。系统应具有经受一定程度的干扰和故障的能力，但当事故超出系统所能承受的范围时，停电是不可避免的。供电中断造成的后果是十分严重的，应尽量缩小故障范围和避免大面积停电，尽快消除故障，恢复正常供电。

根据现行国家标准《供配电系统设计规范》（GB50052—2009）的规定，电力负荷根根据供电可靠性及中断供电在政治、经济上所造成的损失或影响的程度，将负荷分为三级。

（1）一级负荷。对这一级负荷中断供电，将造成政治或经济上的重大损失，如导致人身事故、设备损坏、产品报废，使生产秩序长期不能恢复，人民生活发生混乱。在一级负荷中，当中断供电将造成重大设备损坏或发生中毒、爆炸和火灾等情况的负荷，以及特别重要场所不允许中断供电的负荷，应视为一级负荷中特别重要的负荷。

（2）二级负荷。对这类负荷中断供电，将造成大量减产，将使人民生活受到影响。

（3）三级负荷。所有不属于一、二级的负荷，如非连续生产的车间及辅助车间和小城镇用电等。

一级负荷由两个独立电源进行供电，要保证不间断供电。一级负荷中特别重要的负荷供电，除应由双重电源供电外，尚应增设应急电源，并不得将其他负荷接入应急供电系统。设备供电电源的切换时间应满足设备允许中断供电的要求。对二级负荷，应尽量做到发生事故时不中断供电，允许手动切换电源；对三级负荷，在系统出现供电不足时首先断电，以保证一、二级负荷供电。

2. 保证良好的电能质量

电能质量主要从电压、频率和波形三个方面来衡量。检测电能质量的指标主要是电压偏移和频率偏差。随着用户对供电质量要求的提高，谐波、三相电压不平衡度、电压闪变和电压波动均纳入电能质量监测指标。

3. 保证系统运行的经济性

电力系统运行有三个主要经济指标，即煤耗率（即生产每 kW · h 能量的消耗，也称为油耗率、水耗率）、自用电率（生产每 kW · h 电能的自用电）和线损率（供配每 kW · h 电能时在电力网中的电能损耗）。保证系统运行的经济性就是使以上三个指标达到最小。

4. 电力工业优先发展

电力工业必须优先于国民经济其他部门的发展，只有电力工业优先发展了，国民经济其他部门才能有计划、按比例地发展，否则会对国民经济的发展起到制约作用。

5. 满足环保和生态要求

控制温室气体和有害物质的排放，控制冷却水的温度和速度，防止核辐射，减少高压输电线的电磁场对环境的影响和对通信的干扰，降低电气设备运行中的噪声等。开发绿色能源，保护环境和生态，做到能源的可持续利用和发展。

四、电力系统的电能质量指标

电力系统电能质量检测指标有电压偏差、频率偏差、谐波、三相电压不平衡度、电压波动和闪变。

1. 电压偏差

电压偏差是指电网实际运行时电压与额定电压的差值（代数差），通常用其对额定电压的百分值来表示。现行国家标准《电能质量供电电压允许偏差》(GB 12325—2008）规定，35kV 及以上供电电压正、负偏差的绝对值之和不超过标称电压的 10%；20kV 及以下三相供电电压偏差为标称电压的 ±7%；220V 单相供电电压偏差为标称电压的 +7%~10%。

2. 频率偏差

我国电力系统的标称频率为 50Hz，俗称工频。频率的变化，将影响产品的质量，如频率降低将会导致电动机的转速下降。频率下降得过低，有可能使整个电力系统崩溃。我国电力系统现行国家标准《电能质量电力系统频率允许偏差》(GB/T15945—2008）规定，正常频率偏差允许值为 ±0.2Hz，对于小容量系统，偏差值可以放宽到 ±0.5Hz。冲击负荷引起的系统频率变动一般不得超过 ±0.2 Hz。

3. 电压波形

供电电压（或电流）波形为较为严格的正弦波形。波形质量一般以总谐波畸变率作为衡量标准。所谓总谐波畸变率是指周期性交流量中谐波分量的方均根值与其基波分量的方均根值之比(用百分数表示)。110 kV 电网总谐波畸变率限值为 2%，35 kV 电网限值为 3%，10 kV 电网限值为 4%。

4. 三相电压不平衡度

三相电压不平衡度表示三相系统的不对称程度，用电压或电流负序分量与正序分量的方均根值百分比表示。现行国家标准《电能质量公用电网谐波》(GB/T 14549—1993）规定，各级公用电网，110 kV 电网总谐波畸变率限值为 2%，35~66 kV 电网限值为 3%，6~10kV 电网限值为 4%，0.38kV 电网限值为 5%。用户注入电网的谐波电流允许值应保证各级电网谐波电压在限值范围内。所以国标规定各级电网谐波源产生的电压总谐波畸变率是：0.38 kV 的为 2.6%，6~10 kV 的为 2.2%，35~66 kV 的为 1.9%，110 kV 的为 1.5%。对 220 kV

电网及其供电的电力用户参照本标准 110 kV 执行。

间谐波是指非整数倍基波频率的谐波。随着分布式电源的接入、智能电网的发展，间谐波有增大的趋势。现行国家标准《电能质量公用电网间谐波》（GB/T 24337—2009）规定，1000V 及以下，低于 100Hz 的间谐波电压含有率限值为 0.2%，100~800Hz 的间谐波电压含有率限值为 0.5%；1000 V 以上，低于 100 Hz 的间谐波电压含有率限值为 0.16%，100~800 Hz 的间谐波电压含有率限值为 0.4%。

现行国家标准《电能质量三相电压允许不平衡度》（GB/T 15543）规定，电力系统公共连接点三相电压不平衡度允许值为 2%，短时不超过 4%。接于公共接点的每个用户，引起该节点三相电压不平衡度允许值为 1.3%，短时不超过 2.6%。

5. 电压波动和闪变

电压波动是指负荷变化引起电网电压快速、短时的变化，变化剧烈的电压波动称为电压闪变。为使电力系统中具有冲击性功率的负荷对供电电压质量的影响控制在合理的范围内，现行国家标准《电能质量电压允许波动和闪变》（GB/T 12326—2008）规定，电力系统公共连接点，由波动负荷产生的电压变动限值与变动频度、电压等级有关。变动频度 r 每小时不超过 1 次时，UN≤35 kV 时，电压变动限值为 4%；35 kV≤UN≤220 kV 时，电压变动限值为 3%。当 100≤r≤1000 次、UN≤35 kV 时电压变动限值为 1.25%，35 kV≤UN≤220 kV 时，电压变动限值为 1%，电力系统公共连接点，在系统运行的较小方式下，以一周（168 h）为测量周期，所有长时间闪变值 P1t 满足：110kV 及以下，P1t=1；110 kV 以上，P1t=0.8。

五、电力系统的基本参数

除了电路中所学的三相电路的主要电气参数，如电压，电流，阻抗（电阻、电抗、容抗），功率（有功功率、无功功率、复功率、视在功率），频率等外，表征电力系统的基本参数有总装机容量、年发电量、最大负荷、年用电量、额定频率、最高电压等级等。

1. 总装机容量。

电力系统的总装机容量是指该系统中实际安装的发电机组额定有功功率的总和，以千瓦（kW）、兆瓦（MW）和吉瓦（GW）计，它们的换算关系为：

1GW=103MW=106kW

2. 年发电量。

年发电量是指该系统中所有发电机组全年实际发出电能的总和，以兆瓦、时（MW·h）、吉瓦时（GW · h）和太瓦时（TW · h）计，它们的换算关系为：

1TW · h=103GW · h=106MW · h

3. 最大负荷。

最大负荷是指规定时间内，如一天、一月或一年，电力系统总有功功率负荷的最大值，以千瓦（kW）、兆瓦（MW）和吉瓦（GW）计。

4. 年用电量

年用电量是指接在系统上的所有负荷全年实际所用电能的总和，以兆瓦时（MW · h）.吉瓦时（GW · h）和太瓦时（TW · h）计。

5. 额定频率

按照国家标准规定，我国所有交流电力系统的额定频率均为 50Hz，欧美国家交流电力系统的额定频率则为 60 Hz。

6. 最高电压等级

最高电压等级是指电力系统中最高电压等级电力线路的额定电压，以千伏（kV）计，目前我国电力系统中的最高电压等级为 1 000 kV。

7. 电力系统的额定电压

电力系统中各种不同的电气设备通常是由制造厂根据其工作条件确定其额定电压，电气设备在额定电压下运行时，其技术经济性能最好。为了使电力工业和电工制造业的生产标准化、系列化和统一化，世界各国都制定出了关于电压等级的条例。

用电设备的额定电压与同级的电力网的额定电压是一致的。电力线路的首端和末端均可接用电设备，用电设备的端电压允许偏移的范围为额定电压的 ± 5%，线路首末端电压损耗不超过额定电压的 10%。于是，线路首端电压比用电设备的额定电压不高出 5%，线路末端电压比用电设备的额定电压不低于 5%，线路首末端电压的平均值为电力网额定电压。

发电机接在电网的首端，其额定电压比同级电力网额定电压高 5%，用于补偿电力网上的电压损耗。

变压器的额定电压分为一次绕组额定电压和二次绕组额定电压。变压器的一次绕组直接与发电机相连时，其额定电压等于发电机额定电压；当变压器接于电力线路末端时，则相当于用电设备，其额定电压等于电力网额定电压。变压器的二次绕组额定电压，是绕阻的空载电压，当变压器为额定负载时，在变压器内部有 5% 的电压降，另外，变压器的二次绕组向负荷供电，相当于电源作用，其输出电压应比同级电力网的额定电压高 5%，因此，变压器的二次绕组额定电压比同级电力网额定电压高 10%。当二次配电距离较短或变压器绕组中电压损耗较小时，二次绕组额定电压只需比同级电力网额定电压高 5%。

电力网额定电压的选择又称为电压等级的选择，要综合电力系统投资、运行维护费用、运行的灵活性以及设备运行的经济合理性等方面的因素来考虑。在输送距离和输送容量一定的条件下，所选的额定电压越高，线路上的功率损耗、电压损失、电能损耗就会减少，能节省有色金属。但额定电压越高，线路上的绝缘等级要提高，杆塔的几何尺寸要增大，线路投资增大，线路两端的升、降压变压器和开关设备等的投资也要相应增大。因此，电力网额定电压的选择要根据传输距离和传输容量经过全面技术经济比较后才能选定。

六、电力系统的接线方式

1. 电力系统的接线图

电力系统的接线方式是用来表示电力系统中各主要元件相互连接关系的，对电力系统运行的安全性与经济性影响极大。电力系统的接线方式用接线图来表示，接线图有电气接线图和地理接线图两种。

（1）电气接线图。在电气接线图上，要求表明电力系统各主要电气设备之间的电气连接关系。电气接线图要求接线清楚，一目了然，而不过分重视实际的位置关系、距离的比例关系。

（2）地理接线图。在地理接线图上，强调电厂与变电站之间的实际位置关系及各条输电线的路径长度。这些都按一定比例反映出来，但各电气设备之间的电气联系、连接情况不必详细表示。

2. 电力系统的接线方式

选择电力系统接线方式时，应保证与负荷性质相适应的足够的供电可靠性；深入负荷中心，简化电压等级，做到接线紧凑简明；保证在各种运行方式下操作人员的安全；保证运行时足够的灵活性；在满足技术条件的基础上，力求投资费用少，设备运行和维护费用少，满足经济性要求。

（1）开式电力网。开式电力网由一条电源线路向电力用户供电，分为单回路放射式、单回路干线式、单回路链式和单回路树枝式等。开式电力网接线简单、运行方便，保护装置简单，便于实现自动化，投资费用少，但供电的可靠性较差，只能用于三级负荷和部分次要的二级负荷，不适合向一级负荷供电。

由地区变电所或企业总降压变电所 6~10kV 母线直接向用户变电所供电时，沿线不接其他负荷，各用户变电所之间也无联系，可选用放射式接线。

（2）闭式电力网。闭式电力网由两条及两条以上电源线路向电力用户供电，分为双回路放射式、双回路干线式、双回路链式、双回路树枝式、环式和两端供电式。闭式电力网供电可靠性高，运行和检修灵活，但投资大，运行操作和继电保护复杂，因此更适用于对一级负荷供电和电网的联络。

对供电的可靠性要求很高的高压配电网，还可以采用双回路架空线路或多回路电缆线路进行供电，并尽可能在两侧都有电源。

七、电力系统运行

1. 电力系统分析

电力系统分析是用仿真计算或模拟试验方法，对电力系统的稳态和受到干扰后的暂态行为进行计算、考查，做出评估，提出改善系统性能的措施的过程。通过分析计算，可对规划设计的系统选择正确的参数，制定合理的电网结构，对运行系统确定合理的运行方式，进行事故分析和预测，提出防止和处理事故的技术措施。电力系统分析分为电力系统稳态分析、故障分析和暂态过程的分析。电力系统分析的基础为电力系统潮流计算、短路故障计算和稳定计算。

（1）电力系统稳态分析。电力系统稳态分析主要是研究电力系统稳态运行方式的性能，包括潮流计算、静态稳定性分析和谐波分析等。

电力系统潮流计算包括系统有功功率和无功功率的平衡，网络节点电压和支路功率的分布等，解决系统有功功率和频率调整，无功功率和电压控制等问题。潮流计算是电力系统稳态分析的基础。潮流计算的结果可以给出电力系统稳态运行时各节点电压和各支路功率的分布。在不同系统的运行方式下进行大量潮流计算，可以研究并从中选择确定经济上合理、技术上可行、安全可靠的运行方式。潮流计算还给出电力网的功率损耗，便于进行网络分析，并进一步制订降低网损的措施。潮流计算还可以用于电力网事故预测，确定事故影响的程度和防止事故扩大的措施。潮流计算也用于输电线路工频过电压研究和调相、调压分析，为确定输电线路并联补偿容量、变压器可调分接头设置等系统设计的主要参数以及线路绝缘水平提供部分依据。

静态稳定性分析主要分析电网在小扰动下保持稳定运行的能力，包括静态稳定裕度计算、稳定性判断等。为确定输电系统的输送功率，分析静态稳定破坏和低频振荡事故的原因，为选择发电机励磁调节系统、电力系统稳定器和其他控制调节装置的形式和参数提供依据。

谐波分析主要通过谐波潮流计算，研究在特定谐波源作用下，电力网内各节点谐波电压和支路谐波电流的分布，确定谐波源的影响，从而制订消除谐波的措施。

（2）电力系统故障分析。电力系统故障分析主要研究电力系统中发生故障（包括短路、断线和非正常操作）时，故障电流、电压及其在电力网中的分布。短路电流计算是故障分析的主要内容。短路电流计算的目的是确定短路故障的严重程度而选择电气设备参数，整定继电保护，分析系统中负序及零序电流的分布，从而确定其对电气设备和系统的影响等。

电磁暂态分析还研究电力系统故障和操作过电压的过程，为变压器、断路器等高压电气设备和输电线路的绝缘配合和过电压保护的选择以及降低或限制电力系统过电压技术措施的制订提供依据。

（3）电力系统暂态分析。电力系统暂态分析主要研究电力系统受到扰动后的电磁和机电暂态过程，包括电磁暂态过程的分析和机电暂态过程的分析两种。

电磁暂态过程的分析主要研究电力系统故障和操作过电压及谐振过电压，为变压器、断路器等高压电气设备和输电线路的绝缘配合和过电压保护的选择，以及为降低或限制电力系统过电压技术措施的制订提供依据。

机电暂态过程的分析主要研究电力系统受到大扰动后的暂态稳定和受到小扰动后的静态稳定性能。其中，暂态稳定分析主要研究电力系统受到诸如短路故障，切除或投入线路、发电机、负荷，发电机失去励磁或者冲击性负荷等大扰动作用下，电力系统的动态行为和保持同步稳定运行的能力，为选择规划设计中的电力系统的网络结构，校验和分析运行中的电力系统的稳定性能和稳定破坏事故，为制订防止稳定破坏的措施提供依据。

电力系统分析工具有暂态网络分析仪、物理模拟装置和计算机数字仿真三种。

2. 电力系统继电保护和安全自动装置

电力系统继电保护和安全自动装置是在电力系统发生故障或不正常运行情况时，用于快速切除故障、消除不正常状况的重要自动化技术和设备（装置）。电力系统发生故障或危及其安全运行的事件时，它们可及时发出警告信号或直接发出跳闸命令以终止事件的发展。用于保护电力元件的设备通常被称为继电保护装置，用于保护电力系统安全运行的设备通常称为安全自动装置，如自动重合闸、按周减载等。

3. 电力系统自动化

应用各种具有自动检测、反馈、决策和控制功能的装置，并通过信号、数据传输系统对电力系统各元件、局部系统或全系统进行就地或远方的自动监视、协调、调节和控制，以保证电力系统的供电质量和安全经济运行。

随着电力系统规模和容量的不断扩大，系统结构、运行方式日益复杂，单纯依靠人力监视系统运行状态、进行各项操作、处理事故等，已无能为力。因此，必须应用现代控制理论、电子技术、计算机技术、通信技术和图像显示技术等科学技术的最新成就来实现电力系统自动化。

第三节　电力电子技术

一、电力电子技术的作用

电力电子技术是指通过静止的手段对电能进行有效的转换、控制和调节，从而把能得到的输入电源形式变成希望得到的输出电源形式的科学应用技术。它是电子工程、电力工程和控制工程相结合的一门技术，它以控制理论为基础，以微电子器件或微计算机为工具，以电子开关器件为执行机构实现对电能的有效变换，高效、实用、可靠地把能得到的电源变为所需要的电源，以满足不同的负载要求，同时具有电源变换装置小体积、轻重量和低成本等优点。

电力电子技术的主要作用如下：

1. 节能减排

通过电力电子技术对电能的处理，电能的使用可达到合理、高效和节约的目的，实现了电能使用最优化。当今世界电力能源的使用约占总能源的 40%，而电能中有 40% 经过电力电子设备的变换后被使用。利用电力电子技术对电能变换后再使用，人类至少可节省近 1/3 的能源，从而相应地可大大减少因为煤燃烧而排放的二氧化碳和硫化物。

2. 改造传统产业和发展机电一体化等新兴产业

目前发达国家约 70% 的电能是经过电力电子技术变换后再使用的。据预测，今后将有 95% 的电能会经电力电子技术处理后再使用，我国经过变换后再使用的电能目前还不到 45%。

3. 电力电子技术向高频化方向发展

实现最佳工作效率，将使机电设备的体积减小到原来的几分之一，甚至几十分之一，响应速度达到高速化，并能适应任何基准信号，实现无噪声且具有全新的功能和用途。例如，频率为 20kHz 的变压器，其重量和体积只是普通 50Hz 变压器的十几分之一，钢、铜等原材料的消耗量也大大减少。

4. 提高电力系统稳定性，避免大面积停电事故

电力电子技术实现的直流输电线路，起到故障隔离墙的作用，发生事故的范围就可大大缩小，避免大面积停电事故的发生。

二、电力电子技术的特点

电力电子技术是采用电子元器件作为控制元件和开关变换器件，利用控制理论对电力（电源）进行控制变换的技术，它是从电气工程的三大学科领域（电力、控制、电子）发展起来的一门新型交叉学科。

电力电子开关器件工作时会产生很高的电压变化率和电流变化率。电压变化率和电流变化率作为电力电子技术应用的工作形式，对系统的电磁兼容性和电路结构设计都有十分重要的影响，概括起来，电力电子技术有如下几个特点：弱电控制强电；传送能量的模拟—数字—模拟转换技术；多学科知识的综合设计技术。

新型电力电子器件呈现出了很多传统电力电子器件无法比拟的优势，它使得电力电子技术发生突变，进入现代电力电子技术阶段。现代电力电子技术向全控化、集成化、高频化、高效率化、变换器小型化和电源变换绿色化等方向发展。

三、电力电子技术的研究内容

电力电子技术的主要任务是研究电力半导体器件、变流器拓扑及其控制和电力电子应用系统，实现对电、磁能量的变换、控制、传输和存储，以达到合理、高效地使用各种形式的电能，为人类提供高质量的电、磁能量。电力电子技术的研究内容主要包括以下几个方面：

（1）电力半导体器件及功率集成电路。

（2）电力电子变流技术。其研究内容主要包括新型的或适用于电源、节能及电力电子

新能源利用、军用和太空等特种应用中的电力电子变流技术；电力电子变流器智能化技术；电力电子系统中的控制和计算机仿真、建模等。

（3）电力电子应用技术。其研究内容主要包括超大功率变流器在节能、可再生能源发电、钢铁、冶金、电力、电力牵引、舰船推进中的应用，电力电子系统信息与网络化，电力电子系统故障分析和可靠性，复杂电力电子系统稳定性和适应性等。

（4）电力电子系统集成。其研究内容主要包括电力电子模块标准化，单芯片和多芯片系统设计，电力电子集成系统的稳定性、可靠性等。

1. 电力半导体器件

电力半导体器件是电力电子技术的核心，用于大功率变换和控制时，与信息处理用器件不同，一是必须具有承受高电压、大电流的能力；二是以开关方式运行。因此，电力电子器件也被称为电力电子开关器件，电力电子器件种类繁多，分类方法也不同。按照开通、关断的控制，电力电子器件可分为不控型、半控型和全控型三类：按照驱动性质，电力电子器件可以分为电压型和电流型两种。

在应用器件时，选择电力电子器件一般需要考虑的是器件的容量（额定电压和额定电流值）、过载能力、关断控制方式、导通压降、开关速度、驱动性质和驱动功率等。

2. 电力电子变换器的电路结构

以电力半导体器件为核心，采用不同的电路拓扑结构和控制方式来实现对电能的变换和控制，这就是变流电路。变换器电路结构的拓扑优化是现代电力电子技术的主要研究方向之一。根据电能变换的输入 / 输出形式，变换器电路可分为交流—直流变换（AC/DC）、直流—直流变换（DC/DC）、直流—交流变换（DC/AC）和交流—交流变换（AC/AC）四种基本形式。

3. 电力电子电路的控制

控制电路的主要作用是为变换器中的功率开关器件提供控制极驱动信号。驱动信号是根据控制指令，按照某种控制规律及控制方式而获得的。控制电路应该包括时序控制、保护电路、电气隔离和功率放大等电路。

（1）电力电子电路的控制方式。电力电子电路的控制方式一般按照器件开关信号与控制信号间的关系分类，可分为相控方式、频控方式、斩控方式等。

（2）电力电子电路的控制理论。对线性负荷常采用 PI 和 PID 控制规律，对交流电机这样的非线性控制对象，最典型的就是采用基于坐标变换解耦的矢量控制算法。为了使复杂的非线性、时变、多变量、不确定、不确知等系统，在参量变化的情况下获得理想的控制效果，变结构控制、模糊控制、基于神经元网络和模糊数学的各种现代智能控制理论，在电力电子技术中已获得广泛应用。

（3）控制电路的组成形式。早期的控制电路采用数字或模拟的分立元件构成，随着专用大规模集成电路和计算机技术的迅速发展，复杂的电力电子变换控制系统，已采用 DSP、现场可编程器件 FPGA，专用控制等大规模集成芯片以及微处理器构成控制电路。

四、电力电子技术的应用

电力电子技术是实现电气工程现代化的重要基础。电力电子技术广泛应用于国防军事、工业、能源、交通运输、电力系统、通信系统、计算机系统、新能源系统以及家用电器等。下面作简单的介绍：

1. 工业电力传动

工业中大量应用各种交、直流电动机和特种电动机。近年来，由于电力电子变频技术的迅速发展，使得交流电动机的调速性能可与直流电动机的调速性能相媲美，我国也于1998年开始了从直流传动到交流传动转换的铁路牵引传动产业改革。

电力电子技术主要解决电动机的启动问题（软启动）。对于调速传动，电力电子技术不仅要解决电动机的启动问题，还要解决好电动机在整个调速过程中的控制问题，在有的场合还必须解决好电动机的停机制动和定点停机制动控制问题。

2. 电源

电力电子技术的另一个应用领域是各种各样电源的控制。电器电源的需求是千变万化的，因此电源的需求和种类非常多。例如，太阳能、风能生物质能、海洋潮汐能及超导储能等可再生能源，受环境条件的制约，发出的电能质量较差，而利用电力电子技术可以进行能量存储和缓冲，改善电能质量。同时，采用变速恒频发电技术，可以将新能源发电系统与普通电力系统联网。

开关模式变换器的直流电源、DC/DC高频开关电源、不间断电源（UPS）和小型化开关电源等，在现代计算机、通信、办公自动化设备中被广泛采用。军事中主要应用的是雷达脉冲电源、声呐及声发射系统、武器系统及电子对抗等系统电源。

3. 电力系统工程

现代电力系统离不开电力电子技术。高压直流输电，其送电端的整流和受电端的逆变装置都是采用晶闸管变流装置，它从根本上解决了长距离、大容量输电系统无功损耗问题。柔性交流输电系统（FACTS），其作用是对发电—输电系统的电压和相位进行控制。其技术实质上是类似于弹性补偿技术。FACTS技术是利用现代电力电子技术改造传统交流电力系统的一项重要技术，已成为未来输电系统新时代的支撑技术之一。

无功补偿和谐波抑制对电力系统具有重要意义。晶闸管控制电抗器（TCR）、晶闸管投切电容量（TSC）都是重要的无功补偿装置。静止无功发生器（STATCOM）、有源电力滤波器（APF）等新型电力电子装置具有更优越的无功和谐波补偿的性能。采用超导磁能存储系统（SMES）、蓄电池储能（BESS）进行有功补偿和提高系统稳定性。晶闸管可控串联电容补偿器（TCSC）用于提高输电容量，抑制次同步震荡，从而进行功率潮流控制。

4. 交通运输工程

电气化铁道已广泛采用电力电子技术，电气机车中的直流机车采用整流装置供电，交流机车采用变频装置供电。如直流斩波器广泛应用于铁道车辆，磁悬浮列车的电力电子技术更是一项关键的技术。

新型环保绿色电动汽车和混合动力电动汽车（EV/HEV）正在积极发展中。绿色电动车的电动机以蓄电池为能源，靠电力电子装置进行电力变换和驱动控制，其蓄电池的充电也离不开电力电子技术。飞机、船舶需要各种不同要求的电源，因此航空、航海也都离不开电力电子技术。

5. 绿色照明

目前广泛使用的日光灯，其电子镇流器就是一个 AC—DC—AC 变换器，较好地解决了传统日光灯必须有镇流器启辉、全部电流都要流过镇流器的线圈因而无功电流较大等问题，可减少无功和有功损耗。还有利用注入式电致发光原理制作的二极管叫发光二极管，通称 LED 灯。当它处于正向工作状态时（即两端加上正向电压），电流从 LED 阳极流向阴极时，半导体晶体就会发出从紫外到红外不同颜色的光线，光的强弱与电流有关。另外，采用电力电子技术可实现照明的电子调光。

电力电子技术的应用范围十分广泛。电力电子技术已成为我国国民经济的重要基础技术和现代科学、工业和国防的重要支撑技术。电力电子技术课程是电气工程及其自动化专业的核心课程之一。

第三章　自动化概述

第一节　自动化概念和应用

自动化（Automation）是指机器设备或者是生产过程、管理过程，在没有人直接参与的情况下，经过自动检测、信息处理、分析判断、操纵控制，实现预期的目标、目的或完成某种过程。简而言之，自动化是指机器或装置在无人干预的情况下按规定的程序或指令自动地进行操作或运行。广义地讲，自动化还包括模拟或再现人的智能活动。

自动化是新的技术革命的一个重要方面。自动化是自动化技术和自动化过程的简称。自动化技术主要有两个方面:第一,用自动化机械代替人工的动力方面的自动化技术;第二,在生产过程和业务处理过程中,进行测量、计算、控制等,这是信息处理方面的自动化技术。

自动化有两个支柱技术：一个是自动控制；另一个是信息处理。它们是相互渗透、相互促进的。自动控制(Automatic Control)是与自动化密切相关的一个术语,两者既有联系,也有一定的区别。自动控制是关于受控系统的分析、设计和运行的理论和技术。一般来说,自动化主要研究的是人造系统的控制问题，自动控制则除了上述研究外，还研究社会、经济、生物、环境等非人造系统的控制问题，如生物控制、经济控制、社会控制及人口控制等，显然这些都不能归入自动化的研究领域。人们提到的自动控制通常是指工程系统的控制，在这个意义上自动化和自动控制是相近的。

社会的需要是自动化技术发展的动力。自动化技术是紧密围绕着生产、生活、军事设备控制，航空航天工业等的需要而形成，以及在科学探索中发展起来的一项高技术。美国发明家斯托特在读书时，为了不交房费而替房东看管锅炉，每天清晨 4 点钟闹钟一响，他就要从睡梦中醒来，爬出被窝，跑到地下室，打开锅炉炉口，把锅炉烧旺。这当然是谁也不爱干的苦差事。为了减轻自己的工作负担，他想出了一个办法：用一根绳子，一头挂在锅炉门上，一头拉到卧室里，当闹钟一响，只要在被窝中拉一下绳子就行了。后来，他干脆把闹钟放到地下室锅炉边上，做了一个类似老鼠夹子的东西。当闹钟一响，与发条相连的夹子就有动作，夹子带动一根木棍，木棍倒下，炉门便自动打开了。后来，他在此基础上发明了钟控锅炉。这个小故事说明，自动化技术很多是从人们身边生活和生产中发展起来的，而这一技术发展之后又广泛地用于生活、生产中的各个领域中。自动化技术发展至今，可以说已从人类手脚的延伸扩展到人类大脑的延伸。自动化技术时时在为人类“谋”福利，可谓是无所不在。

自动化技术广泛用于工业、农业、国防、科学研究、交通运输、商业、医疗、服务及家庭等各方面。采用自动化技术不仅可以把人从繁重的体力劳动、部分脑力劳动以及恶劣、危险的工作环境中解放出来，而且能扩展、放大人的功能和创造新的功能，极大地提高了劳动生产率，增强了人类认识世界和改造世界的能力。自动化技术的研究、应用和推广，对人类的生产、生活方式产生了深远的影响。自动化是一个国家或社会现代化水平的重要标志。

自动化正在迅速地渗入到家庭生活中。例如，用计算机设计、制作衣服；全自动洗衣机，不用人动手就能把衣服洗得干干净净；计算机控制的微波炉，不但能按时自动进行烹调，做出美味可口的饭菜，而且安全节电；计算机控制的电冰箱，不但能自动控温，保持食物鲜美，而且能告诉人们食物存储的数量和时间，能做什么佳肴，用料多少；空调机能为人们提供温暖如春的环境：清扫机器人能为人们打扫房间等。

在办公室里广泛地引入微电脑及信息网络、文字处理机、电子传真机、专用交换机、多功能复印机和秘书机器人等技术和设备，推进了办公室自动化的进程。利用自动化的办公设备，可自动完成文件的起草、修改、审核、分发、归档等工作，利用信息高速公路、多媒体等技术进一步提高信息加工与传递的效率，实现办公的全面自动化。办公自动化的主要目标是企业管理自动化。

工厂自动化主要有两个方面：一是使用自动化装置，完成加工、装配、包装、运输、存储等工作，如用机器人、自动化小车、自动机床、柔性生产线和计算机集成制造系统等；二是生产过程自动化，如在钢铁、石油、化工、农业、渔业和畜牧业等生产和管理过程中，用自动化仪表和自动化装置来控制生产参数，实现生产设备、生产过程和管理过程的自动化。

自动化还有许多其他的应用：在交通运输中采用自动化设备，实现交通工具自动化及管理自动化，包括车辆运输管理、海上及空中交通管理、城市交通控制、客票预订及出售等；在医疗保健事业及图书馆、商业服务行业中，在农作物种植、养殖业生产过程中，都可以实现自动化管理及自动化生产。当代武器装备尤其要求高度的自动化，在现代和未来的战场上，飞机、舰艇、战车、火炮、导弹、军用卫星以及后勤保障、军事指挥等，都要求实现全面的自动化。

自动化技术是发展迅速、应用广泛、最引人瞩目的高技术之一，是推动高技术革命的核心技术，是信息社会中不可缺少的关键技术。从某种意义上讲，自动化就是现代化的同义词。

第二节　自动化和控制技术发展历史简介

自古以来，人类就有了创造自动装置以减轻或代替人劳动的想法。自动化技术的产生和发展经历了漫长的历史进程。

自动化技术的发展经历了4个典型的历史时期：18世纪以前的自动装置的出现和应用、18世纪末至20世纪30年代的自动化技术形成时期、20世纪40—50年代的局部自动化时期和20世纪50年代至今的综合自动化时期。

一、自动装置的出现和应用时期

古代人类在长期的生产和生活中，为了减轻自己的劳动，开始逐渐利用自然界的风力或水力代替人力、畜力，以及用自动装置代替人的部分繁难的脑力活动和对自然界动力的控制，经过漫长岁月的探索，他们造出了一些原始的自动装置。

公元前14世纪至公元前11世纪，中国和巴比伦出现了自动计时装置——刻漏，为人类研制和使用自动装置之始。

国外最早的自动化装置，是1世纪古希腊人希罗发明的神殿自动门和铜祭司自动洒圣水、投币式圣水箱等自动装置。2000年前的古希腊，有一个非常出色的技师叫希罗，他经常向阿基米德等科学家请教、学习，制造出了许多机器，有神殿自动门、神水自动出售机、里程表等。神殿自动门的动作过程是当有人拜神时，点燃祭坛上的油火，油火产生的热量就会使一个箱子里的空气膨胀，膨胀的空气会推动大门，使大门打开；当拜神的人把油火熄灭后，空气受冷缩小，大门就会关闭。

在2世纪，东汉时期的张衡利用齿轮、连杆和齿轮机构制成浑天仪。它能完成一定系列有序的动作，显示星辰升落，可以把它看成是古代的程序控制装置。220—280年，中国出现计里鼓车。235年，三国时期的马钧研制出用齿轮传动的自动指示方向的指南车。这是一辆真正的指南车，从现在的观点看，指南车属于自动定向装置。1088年，中国苏颂等人把浑仪（天文观测仪器）、浑象（天文表现仪器）和自动计时装置结合在一起建成了具有“天衡”自动调节机构和自动报时机构的水运仪象台。1135年，中国的燕肃在“莲华漏”中采用三级漏壶并用浮子式阀门自动装置调节液位。1637年，中国明代的《天工开物》一书记载了有程序控制思想萌芽的提花织机结构图。

17世纪以来，随着生产的发展，在欧洲的一些国家相继出现了多种自动装置，其中比较典型的有：1642年法国物理学家B. 帕斯卡发明能自动进位的加法器；1657年荷兰机械师C. 惠更斯发明钟表，利用锥形摆作调速器；1681年D. 帕潘发明了带安全阀的压力釜，实现压力自动控制；1694年德国G.W. 莱布尼茨发明能进行加减乘除的机械计算机；1745

年英国机械师 E. 李发明带有风向控制的风磨；1765 年俄国机械师 H.M. 波尔祖诺夫发明浮子阀门式水位调节器，用于蒸汽锅炉水位的自动控制。

二、自动化技术形成时期

1660 年意大利人发明了温度计。1680 年法国人巴本在压力锅上安装了自动调节机构。1784 年瓦特在改进的蒸汽机上采用离心式调速装置，构成蒸汽机转速的闭环自动调速系统，如图 3-1 所示。瓦特的这项发明开创了近代自动调节装置应用的新纪元，对第一次工业革命及后来控制理论的发展有重要影响。

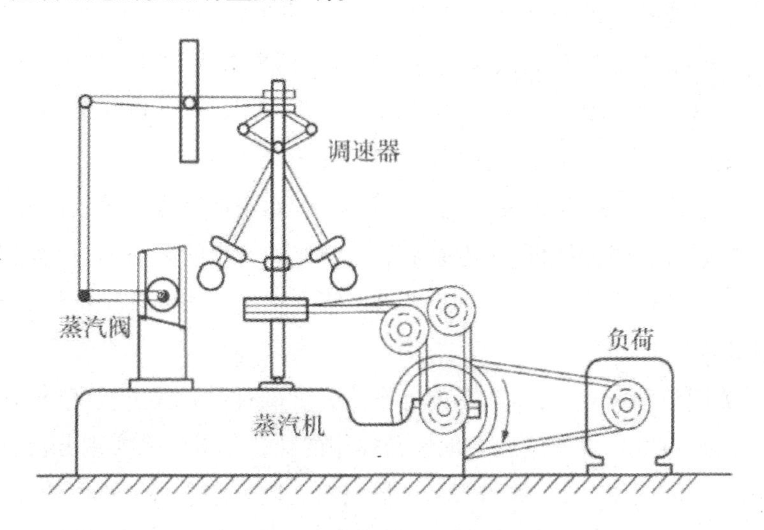

图 3–1　瓦特离心式调速器对蒸汽机转速的控制

在这一时期中，由于第一次工业革命的需要，人们开始采用自动调节装置来应对工业生产中提出的控制问题。这些调节器都是一些跟踪给定值的装置，使一些物理量保持在给定值附近。自动调节器的应用标志着自动化技术进入新的历史时期。1830 年英国人尤尔制造出温度自动调节装置。1854 年俄国机械学家和电工学家 K.M. 康斯坦丁诺夫发明电磁调速器。1868 年法国工程师 J. 法尔科发明反馈调节器，并把它与蒸汽阀连接起来，操纵蒸汽船的舵。他把这种自动控制的气动船舵称为伺服机构。20 世纪 20—30 年代，美国开始采用 PID 调节器。PID 调节器是一种模拟式调节器，现在还有许多工厂采用这种调节器。

具有离心式调速系统的蒸汽机，经过 70 多年的改进，反而产生了“晃动”现象（即现在所说的不稳定）。英国的物理学家 J.C. 麦克斯韦（创立电磁波理论的伟大科学家）用高等数学的理论研究分析了这种“晃动”现象。1876 年，俄国机械学家 M.A. 维什涅格拉茨基进一步总结了调节器的理论。他用线性微分方程来描述整个系统，问题变成了只要研究齐次方程的通解所决定的运动情况，使调节系统的动态特性仅仅取决于两个参量，由此推导出系统的稳定条件，把参量平面划分成稳定域和不稳定域（后称维什涅格拉茨基图）。1877 年英国的 E.J. 劳斯，1885 年德国的 A. 赫尔维茨分别提出判别系统是否会产生“晃动”

的准则（称为稳定判据），为设计研究自动系统提供了可靠的理论依据，这一准则至今尚在使用。1892 年，俄国数学家 A.M. 李雅普诺夫提出稳定性的严格数学定义并发表了专著。李雅普诺夫第一法又称一次近似法，明确了用线性微分方程分析稳定性的确切适用范围。李雅普诺夫第二法又称直接法，不仅可以用来研究无穷小偏移时的稳定性（小范围内的稳定性），还可以用来研究在一定限度偏移下的稳定性（大范围内的稳定性）。他的稳定性理论至今还是研究分析线性和非线性系统稳定性的重要方法。

进入 20 世纪以后，工业生产中广泛应用各种自动调节装置，促进了对调节系统进行分析和综合研究工作的进展。这一时期虽然在自动调节器中已广泛应用反馈控制的结构，但从理论上研究反馈控制的原理则是从 20 世纪 20 年代开始的。1927 年，美国贝尔电话实验室的电气工程师 H.S. 布莱克在解决电子管放大器失真问题时首先引入了反馈的概念。1925 年，英国电气工程师 O. 亥维赛把拉普拉斯变换应用到求解电网络的问题上，提出了运算微积。此后在拉普拉斯变换的基础上，传递函数的观念被引入分析自动调节系统或元件上，成为重要工具。1932 年，美国电信工程师 N. 奈奎斯特提出著名的稳定判据（称为奈奎斯特稳定判据），可以根据开环传递函数绘制或测量出的频率响应判定反馈系统的稳定性。1938 年前，苏联电气工程师 A.B. 米哈伊洛夫提出根据闭环（反馈）系统频率特性判定反馈系统稳定性的判据。

1833 年，英国数学家 C. 巴贝奇在进行设计分析机时首先提出程序控制的原理。他想用法国发明家 J.M. 雅卡尔设计的编织地毯花样用的穿孔卡方法来实现分析机的程序控制。1936 年，英国数学家图灵 A.M. 提出著名的图灵机，用来定义可计算函数类，建立了算法理论和自动机理论。1938 年，美国电气工程师香农 C.E. 和日本数学家中岛，以及 1941 年苏联科学家 B.M. 舍斯塔科夫，分别独立地建立了逻辑自动机理论，用仅有两种工作状态的继电器组成了逻辑自动机，实现了逻辑控制。

可以说，1922 年 N. 米诺尔斯基发表《关于船舶自动操舵的稳定性》，1934 年美国科学家 H.L. 黑曾发表《关于伺服机构理论》，1934 年苏联科学家 H.H. 沃兹涅先斯基发表《自动调节理论》，1938 年苏联电气工程师 A.B. 米哈伊洛夫发表《频率法》，这些论文标志着经典控制理论的诞生。

三、局部自动化时期

在第二次世界大战期间，德国的空军优势和英国的防御地位，迫使美国、英国等国科学家集中精力解决防空火力控制系统和飞机自动导航系统等军事技术问题。在解决这些问题的过程中形成了经典控制理论，设计出各种精密的自动调节装置，开创了系统和控制这一新的科学领域。这些经典控制理论对战后发展局部自动化技术起了重要的促进作用，使自动化技术得到飞速的发展。为提高自动控制系统的性能，维纳创立了控制论，提出了反馈控制原理。直到今天，反馈控制仍是十分重要的控制原理。这一时期出现了自动防空火炮、自动飞向目标的V—2导弹等自动化系统和装置。

1945年，美国数学家N.维纳把反馈的概念推广到生物等一切控制系统；1948年，他出版了名著《控制论》一书，为控制论奠定了基础。1954年，中国科学家钱学森全面地总结和提高了经典控制理论，在美国出版了用英语撰写的、在世界上很有影响力的《工程控制论》一书。

1948年，W.埃文斯的根轨迹法，奠定了适宜用于单变量控制问题的经典控制理论的基础。频率法（或称频域法）成为分析和设计线性单变量自动控制系统的主要方法。

第二次世界大战后工业迅速发展，随着对非线性系统、时滞系统、脉冲及采样控制系统、时变系统、分布参数系统和有随机信号输入的系统控制问题的深入研究，经典控制理论在20世纪50年代有了新的发展。

战后在工业控制中已广泛应用PID调节器，并且电子模拟计算机用来设计自动控制系统。当时在工业上实现局部自动化，即单个过程或单个机器的自动化。在工厂中可以看到各种各样的自动调节装置或自动控制装置。这些装置一般都可以分装两个机柜：一个机柜装各种PID调节器；另一个机柜则装许多继电器和接触器，作启动、停止、连锁和保护之用。当时大部分PID调节器是电动的或机电的，也有气动的和液压的（直到1958年才引入第一代电子控制系统），在结构上显得相当复杂，控制速度和控制精度都有一定的局限性，可靠性也不是很理想。

生产自动化的发展促进了自动化仪表的进步，出现了测量生产过程的温度、压力、流量、物位、机械量等参数的测量仪表。最初的仪表大多属于机械式的测量仪表，一般只作为主机的附属部件被采用，其结构简单、功能单一。在20世纪30年代末—40年代初，出现了气动仪表，统一了压力信号，研制出气动单元组合仪表。20世纪50年代出现了电动式的动圈式毫伏计、电子电位差计和电子测量仪表、电动式和电子式的单元组合式仪表。

1943—1946年，世界上第一台基于电子管的电子数字计算机（Electronic Digit Computer）——电子数字积分和自动计数器（ENIAC）问世。1950年，美国宾夕法尼亚大学莫尔（Moore）小组研制成功了世界上第二台存储程序式电子数字计算机——离散变量电子自动计算机（EDVAC）。电子数字计算机内部元件和结构，经历了电子管、晶体管、集成电路和大规模集成电路的4个发展阶段。电子数字计算机的发明，为20世纪60—70年代开始的在控制系统广泛应用程序控制、逻辑控制以及应用数字计算机直接控制生产过程奠定了基础。我国也在20世纪50年代中叶开始研制大型电子数字计算机——国产巨型“银河”电子数字计算机系列。目前，小型电子数字计算机或单片计算机已成为复杂自动控制系统的组成部分，以实现复杂的控制和算法。

四、综合自动化时期

经典控制理论这个名称是1960年在第一届全美联合自动控制会议上提出来的。这次会议把系统与控制领域中研究单变量控制问题的学科称为经典控制理论，研究多变量控制问题的学科称为现代控制理论。

20世纪50年代以后，经典控制理论有了许多新的发展。高速飞行、核反应堆、大电力网和大化工厂出现了新的控制问题，促使一些科学家对非线性系统、继电系统、时滞系统、时变系统、分布参数系统和有随机输入的系统的控制问题进行了深入地研究。20世纪50年代末，科学家们发现把经典控制理论的方法推广到多变量系统时会得出错误的结论，即经典控制理论的方法有其局限性。

1957年，苏联成功地发射了第一颗人造卫星，继而出现了很多复杂的系统问题，迫切需要对其加以解决，用古典控制理论很难解决其控制问题，于是现代控制理论就产生了。通过对这些复杂工业过程和航天技术的自动控制问题——多变量控制系统的分析和综合问题的深入研究，使得现代控制理论体系迅速发展，形成了系统辨识（System Identification）、建模（Modelling）与仿真（Simulation）、自适应控制（Self—adaptive Control）和自校正控制器（Selftuning Regulator）、遥测（Telemetry）、遥控（Remote Control）和遥感（Remote Sen8ing）、大系统（Large—scale System）理论、模式识别（Image Recognition）和人工智能（Artificial Intelligence）、智能控制（Intelligent Control）等多个重要的分支。

系统辨识是根据系统输入、输出数据为系统建立数学模型的理论和方法。系统仿真是在仿真设备上建立、修改、复现系统的模型。

自适应控制是在对象数学模型变动和系统外界信息不完备的情况下改变反馈控制器的特性，以保持良好的工作品质。自校正控制器具有对被控对象的参数进行在线估计的能力，并借此对控制器参数进行校正，使闭环控制系统达到期望的指标。

遥测是对被测对象的某些参数进行远距离测量，一般是由传感器测出被测对象的某些参数并转变成电信号，然后应用多路通信和数据传输技术，将这些电信号传送到远处的遥测终端，进行处理、显示及记录。遥控是对被控对象进行远距离控制。遥控技术综合应用自动控制技术和通信技术来实现远距离控制，并对远距离被控对象进行监测。遥感是利用装载在飞机或人造卫星等运载工具上的传感器，收集由地面目标物反射或发射出来的电磁波，再根据这些数据来获得关于目标物（如矿藏、森林、作物产量等）的信息。以飞机为主要运载工具的航空遥感发展到以地球卫星和航天飞机为主要运载工具的航天遥感以后，使人们能从宇宙空间的高度上大范围地、周期性地、快速地观测地球上的各种现象及其变化，从而使人类对地球资源的探测和对地球上一些自然现象的研究进入一个新的阶段，现已应用在农业、林业、地质、地理、海洋、水文、气象、环境保护和军事侦察等领域。

20世纪60年代末，生产过程自动化开始由局部自动化向综合自动化方向发展，出现了现代大型企业的多级计算机管理和控制系统（如大型钢铁联合企业），大型工程项目的计划协调与组织管理系统（如长江三峡施工组织管理系统），全国性或地区性的供电网络的调度、管理和优化运行系统，社会经济系统，大都市的交通管理与控制系统，环境生态系统以及航天运载火箭、洲际导弹等典型的大系统。所谓大系统，就是指规模宏大、结构复杂的系统。对这类大系统的建模与仿真、优化和控制、分析和综合，以及稳定性、能控性、能观测性和鲁棒性等的研究，统称为大系统理论。大系统理论研究的对象是规模庞大、结构复杂的各种工程或非工程系统的自动化问题。大系统理论的重要作用在于对大系统进行调度优化和控制优化，通过分解、协调，以较短时间计算出优化结果，使需要在线及时求取大系统优化解并实施优化控制成为可能。目前在大系统的研究中，主要有 3 种控制结构方案，即多级（递阶）控制、多层控制和多段控制。

模式识别使用电子数字计算机并使它能直接接受和处理各种自然的模式消息，如语言、文字、图像、景物等。早期的人工智能研究是从探索人的解题策略开始的，即从智力难题、弈棋、难度不大的定理证明入手，总结人类解决问题时的心理活动规律和思维规律，然后用计算机进行模拟，让计算机表现出某种智能。人工智能的研究领域涉及自然语言理解、自然语言生成、机器视觉、机器定理证明、自动程序设计、专家系统和智能机器人等方面。20 世纪 60 年代末—70 年代初，美、英等国的科学家们注意到将人工智能的所有技术和机器人结合起来，研制出智能机器人。智能机器人会在工业生产、核电站设备检查及维修、海洋调查、水下石油开采、宇宙探测等方面大显身手。随着人工智能研究的发展，人们开始将人工智能引入自动控制系统，形成智能控制系统。

智能控制中常用的理论和技术包括专家控制系统（Expert Control System，ECS），模糊控制系统（Fuzzy Control System），神经网络控制（Neural Networks Control）和学习控制（Leaming Control）。这些理论和技术已广泛应用于故障诊断、工业设计和过程控制之中，为解决复杂的非线性、不确定、不确知系统的控制问题开辟了新途径。另外，一般系统论、耗散结构理论、协同学和超循环理论等也对自动化技术的发展提供了新理论和新方法。

现代控制理论的形成和发展为综合自动化奠定了理论基础。在这一时期，微电子技术有了新的突破。1958 年出现晶体管计算机，1965 年出现集成电路计算机，1971 年出现单片微处理机。微处理机的出现对控制技术产生了重大影响，控制工程师可以很方便地利用微处理机来实现各种复杂的控制，使综合自动化成为现实。20 世纪 70 年代以来，微电子技术、计算机技术和机器人技术的重大突破，促进了综合自动化的迅速发展。一批工业机器人、感应式无人搬运台车、自动化仓库和无人叉车成为综合自动化强有力的工具。

在过程控制方面，从 1975 年开始出现集散型控制系统，使过程自动化达到很高的水平。在制造工业方面，采用成组技术、数控机床、加工中心和群控的基础上发展起来的柔性制造系统（FMS）及计算机辅助设计（CAD）和计算机辅助制造（CAM）系统成为工厂自动化的基础。柔性制造系统是从 20 世纪 60 年代开始研制的，1972 年，美国第一套柔性制造系统正式投入生产。20 世纪 70 年代末—80 年代初，柔性制造系统得到迅速地发展，普遍采用搬运机器人和装配机器人。20 世纪 80 年代初，出现了用柔性制造系统组成的无人工厂。

柔性制造系统是在生产对象有一定限制的条件下有灵活应变能力的系统，其着眼点主要是放在具体的硬设备上。为了进一步实现生产的飞跃，自动机械上用的软件成为突出的问题。而最终的目标是要使整个生产过程软件化，这就要研究计算机集成制造系统（CIMS）。它是指在生产中应用自动化可编程序，把加工、处理、搬运、装配和仓库管理等真正结合成一个整体，只要变换一下程序，就可以适用于不同产品的全部加工过程。

第三节　动控制系统的组成和类型

自动控制的目的是应用自动控制装置延伸和代替人的体力和脑力劳动。自动控制装置是由具有相当于人的大脑和手脚功能的装置组成的，它相当于人大脑的装置，在自动控制中的作用是对控制信息进行分析计算、推理判断、产生控制作用。它通常是由计算机或控制装置来承担。它相当于人手脚的装置，其作用是执行控制信号，完成加工、操作和运动等。它通常是由机械机构或机电机构来完成，其中包括放大信息的装置、产生动力的驱动装置和完成运动的执行装置。没有控制就没有自动化。控制是自动化技术的核心，而反馈控制又是控制理论的最基本原理。

老鹰捕捉飞跑的兔子就是一个反馈控制的例子。鹰先用眼睛大致确定兔子的位置，就朝这个方向飞去。在飞行中，眼睛一直盯住兔子，测出自己与兔子的距离和兔子逃跑的方向，大脑根据与兔子的差距，不断做出决定，通过改变翅膀和尾部的姿态，改变飞行的速度和方向，使与兔子之间的距离越来越小，直到抓到兔子为止。

在这里，眼睛是测量机构，大脑是控制机构，驱动机构（执行机构）是翅膀，被控对象是老鹰的身体，目标是兔子。老鹰用眼睛盯住兔子的同时，把自己的位置与兔子的位置进行比较，找出老鹰与兔子之间的距离差，这就是反馈作用。老鹰根据这个偏差来不断控制自己的身体，不断减小偏差，这称为反馈控制。这种反馈是使误差不断减小，又称为负反馈控制。如图 3-2 所示为鹰捉兔子的飞行过程。

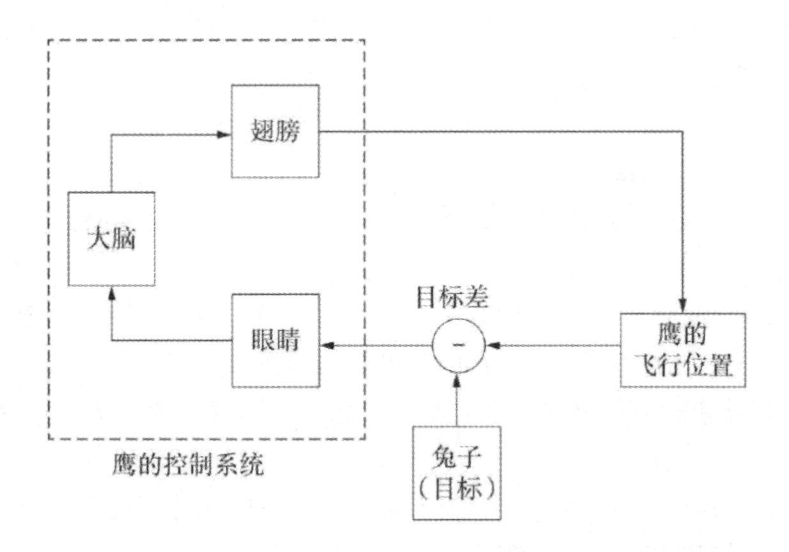

图 3–2 鹰捉兔子的飞行过程

反馈控制的最基本的优点是不需要考虑偏差的来源，就可以利用这一控制方法，使偏差消除掉或基本消除掉，从而使被控制对象达到预定目标。用导弹击落飞机和鹰捉兔子完全相似：计算机是导弹的大脑，红外线导引装置就是它的眼睛，舵机及其调节机构能控制弹体运动的速度和方向，相当于鹰用翅膀控制老鹰的身体一样。导弹用负反馈控制跟踪目标，直到击中目标。当然，真正的反馈控制系统比这复杂多了，但基本原理是一样的。

任何一个自动控制系统都是由被控对象和控制器有机构成的。自动控制系统根据被控对象和具体用途不同，可以有各种不同的结构形式。除被控对象外，控制系统一般由给定环节、反馈环节、比较环节、控制器（调节器）、放大环节、执行环节（执行机构）组成。这些功能环节分别承担相应的职能，共同完成控制任务。

如图 3-3 所示为一个典型的自动控制系统，它由下列几部分组成：

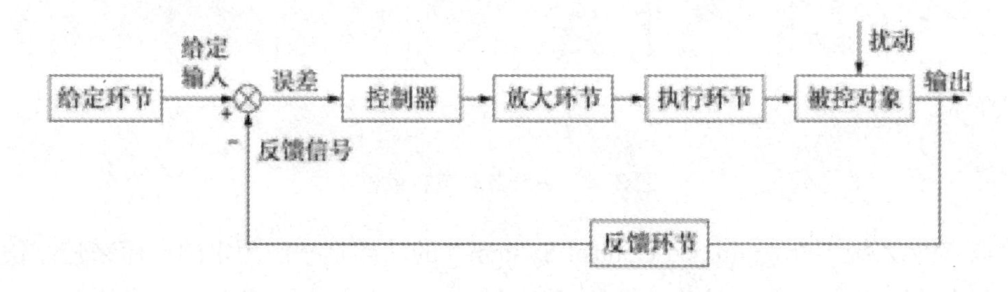

图 3–3 自动控制系统的各环节功能

①给定环节：用于产生给定信号或控制输入信号。

②反馈环节：对系统输出（被控制量）进行测量，将它转换成反馈信号。

③比较环节：用来比较输入信号和反馈信号之间的偏差，产生误差（Error）信号，它可以是一个差动电路，也可以是一个物理元件（如电桥电路、差动放大器、自整角机等）。

④控制器（调节器）：根据误差信号，按一定规律产生相应的控制信号。控制器是自动控制系统实现控制的核心部分。

⑤放大环节：用来放大偏差信号的幅值和功率，使之能够推动执行机构调节被控对象，如功率放大器、电液伺服阀等。

⑥执行环节（执行机构）：用于直接对被控对象进行操作，调节被控量，如阀门，伺服电动机等。

⑦被控对象：一般是指在生产过程中需要进行控制的工作机械、装置或生产过程。描述被控对象工作状态的、需要进行控制的物理量就是被控量。

⑧扰动：是指除输入信号外能使被控量偏离输入信号所要求的值或规律的控制系统内、外的物理量。

按照给定环节给出的输入信号的性质不同，可以将自动控制系统分为恒值自动调节系统、程序控制系统和随动系统（伺服系统）3 种类型的自动控制系统。

恒值自动调节系统（Automatic Regulating System）的功能是克服各种对被调节量的扰动而保持被调节量为恒值。如图 2—4 所示为炉温自动控制系统。由给定环节给出的电压 Hr 代表所要求保持的炉温，它与表示实际炉温的测温热电偶的电压 uf 相比较，产生误差电压 Δ u=ur—uf。当 uf 偏离给定炉温时，Δ Au 通过反馈控制环节的放大器，带动电动机 M 向一定方向旋转，使调节器提高或降低电压，使炉温保持恒定。

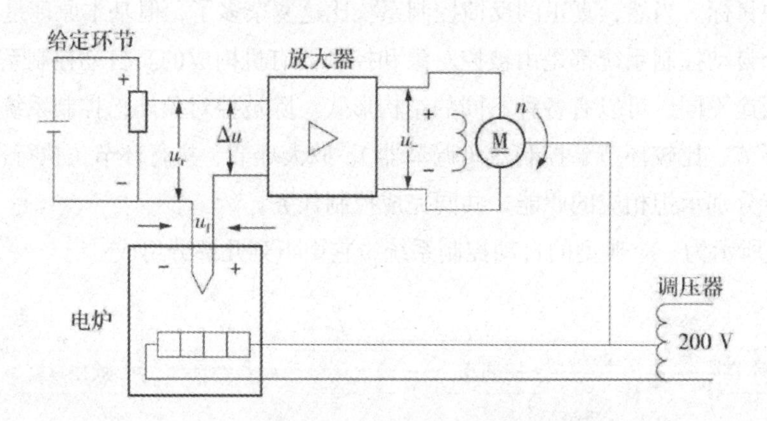

图 3–4　炉温自动控制系统

程序控制系统（Programmed Control Sy8tem）的功能是按照预定的程序来控制被控制量。自动控制系统的给定信号是已知的时间函数，即系统给定环节给出的给定作用为一个预定的程序，如铣床的加工过程，执行机构根据运算控制器送来的电脉冲信号，操作机床的运动，从而完成切削成型的要求。

在反馈控制系统中，若给定环节给出的输入信号是预先未知的随时间变化的函数，这种自动控制系统称为随动系统（Servo—Mechanism）。国防上的火炮跟踪系统、雷达导引系统和天文望远镜的跟踪系统等都属于随动系统。随动系统的功能是按照预先未知的规律来控制被控制量，即自动控制系统给定环节给出的给定作用为一个预先未知的随时间变化的函数。

第四节　自动化的现状与未来

自动化技术已渗透到人类社会生活的各个方面。自动化技术的发展水平是一个国家在高技术领域发展水平的重要标志之一，它涉及工农业生产、国防建设、商业、家用电器、个人生活等诸多方面。

自动化技术在工业中的应用尤为重要，它是当今工业发达国家的立国之本。自动化技术更能体现先进的电子技术、现代化生产设备和先进管理技术相结合的综合优势。总之，自动化技术属于高新技术范畴，它发展迅速，更新很快。目前，国际上工业发达国家都在集中人力、物力，促使工业自动化技术不断向集成化、柔性化、智能化的方向发展。

我国对自动化技术非常重视，前几个五年计划中对数控技术、CAD 技术、工业机器人、柔性制造技术及工业过程自动化控制技术都开展了研究，并取得了一定成果。但也应看到，我国是一个发展中国家，工业基础薄弱、投资强度低、人员素质差、工艺和生产设备落后，自动化技术的开发和应用与工业发达国家相比还有很大差距。例如，目前许多已取得的成果还只停留在样机和阶段性成果上，缺少商品化、系列化和标准化产品；前几个五年计划中攻关和技术引进的重点主要集中在单机自动化以及部件和产品的国产化，效益不高。

今后很长一段时间里，自动化技术的攻关应从以下几个方面考虑：第一，根据工业服务对象的特点，把过程自动化、电气自动化、机械制造自动化和批量生产自动化作为重点。第二，立足国内已取得的成绩，把着眼点放在提高我国企业的综合自动化水平、发挥企业整体综合效益和增强企业的市场应变能力上，将攻关重点从单机自动化技术转移到综合自动化技术和集成化技术上。第三，开发适合我国国情的自动化技术，加速对已有成果的商品化。对市场前景较好的技术成果，如信息管理系统、自动化立体仓库、机器人等应进一步研究开发，形成系列化和商品化。第四，开展战略性技术研究，对计算机辅助生产工程、并行工程、经济型综合自动化技术进行研究。

下面以自动化技术在几个典型领域的现状和未来发展作进一步的介绍。

一、机械制造自动化

机械制造自动化技术自 20 世纪 50 年代至今，经历了自动化单机、刚性生产线，数控机床、加工中心和柔性生产线、柔性制造 3 个阶段，今后将向计算机集成制造（CIM）发展。微电子技术的引入，数控机床的问世以及计算机的推广使用，促进了机械制造自动化向更深层次、更广泛的工艺领域发展。

（一）数控技术和数控系统

在市场经济的大潮中，产品的竞争日趋激烈，为在竞争中求得生存与发展，各企业纷纷在提高产品技术档次、增加产品品种、缩短试制与生产周期和提高产品质量等方面上下功夫。即使是生产批量较大的产品，也不可能是多年一成不变的，必须经常开发新产品，频繁地更新换代。这种情况使不易变化的“刚性”自动化生产线在现代市场经济中暴露出致命的弱点。在产品加工中，单件与小批量生产的零件约占机械加工总量的 80% 以上，对这些多品种、加工批量小、零件形状复杂、精度要求高的零件的加工，采用灵活、通用、高精度、高效率的数字控制技术就显现出其优越性了。数控技术是一门以数字的形式实现控制的技术。传统的数控系统，是由各种逻辑元件、记忆元件组成的随机逻辑电路，是采用固定接线的硬件结构，它是由硬件来实现数控功能的。随着半导体技术、计算机技术的发展，数字控制装置已经发展成为计算机数字控制装置。计算机数字控制系统由程序、输入／输出设备、计算机数字控制装置、可编程序控制器（PC）、主轴驱动装置和进给驱动装置等组成，由软件来实现部分或全部数控功能。

数控技术在近年来获得了极为迅速地发展，它不仅在机械加工中得到普遍的应用，而且在其他设备中也得到广泛的应用。值得一提的是，数字控制机床是一种机床，是综合应用了自动控制、精密测量、机床结构设计和工艺等各个技术领域里的最新技术成就而发展起来的一种具有广泛的通用性的高效自动化新型机床。数控机床的出现，标志着机床工业进入了一个新的发展阶段，也是当前工业自动化的主要发展方向之一。

（二）柔性制造系统

柔性制造系统（Flexible Manufacturing Systems，FMS）是在计算机直接数控基础上发展起来的一种高度自动化的加工系统。它是由统一的控制系统和输送系统连接起来的一组加工设备，包括数控机床、材料和工具自动运输设备、产品零件自动传输设备、自动检测和试验设备等。它不仅能进行自动化生产，而且还能在一定范围内完成不同工件的加工任务。

柔性制造系统一般包括以下要素：

①标准的数控机床或制造单元（制造单元是指具有自动上下料功能或多个工位的加工型及装配型的数控机床）。

②在机床和装卡工位之间运送零件和刀具的传送系统。

③发布指令，协调机床、工件和刀具传送装置的监控系统。

④中央刀具库及其管理系统。

⑤自动化仓库及其管理系统。

柔性制造系统是在成组技术、数控技术、计算机技术和自动检测与控制技术的迅速发展的基础上产生的综合技术产物，是当前机械制造技术发展的方向。它具有高效率、高柔性和高精度的优点，是比较理想的加工系统，能解决机械加工高度自动化和高度柔性化的矛盾问题。

（三）计算机集成制造系统

计算机集成制造系统（Computer Integrated Manufacturing System.CIMS）是在计算机集成制造思想指导下，逐步实现企业生产经营全过程计算机化的综合自动化系统。

计算机集成制造的初始概念产生于20世纪50年代。数字计算机及其相关新技术的出现，对制造业产生了积极的影响，导致了数控机床的产生，也陆续出现了各种计算机辅助技术，如计算机辅助设计（CAD）、计算机辅助制造（CAM）等。到20世纪60年代早期，现代控制理论与系统论概念和方法的迅速发展并运用于制造业之中，产生了利用计算机不仅实现单元生产柔性自动化，并把制造过程（产品设计、生产计划与控制、生产过程等）集成为一个统一系统的设想，同时试图对整个系统的运行加以优化。这样，计算机集成制造的概念在20世纪60年代后期便产生了。当前，我国的CIMS已经改变为现代集成制造系统（Contemporary Integrated Manufacturing System）。它已在广度与深度上拓展了原CIMS的内涵。其中，“现代”的含义是计算机化、信息化、智能化。“集成”有更广泛的内容，包括信息集成、过程集成及企业间集成3个阶段的集成优化。企业活动中“三要素”及“三流”的集成优化，CIMS有关技术的集成优化及各类人员的集成优化等。CIMS不仅把技术系统和经营生产系统集成在一起，而且把人（人的思想、理念及智能）也集成在一起，使整个企业的工作流程、物流和信息流都保持通畅和相互有机联系。CIMS是人、经营和技术三者集成的产物。

从功能层方面分析，CIMS大致可以分为生产/制造系统、硬事务处理系统、技术设计系统、软事务处理系统、信息服务系统和决策管理系统6层。CIMS的技术构成包括：①先进制造技术（Advanced Manufacturing Technology，AMT）；②敏捷制造（Agile ManufactImlg，AM）；③虚拟制造（Viltual Manufacturing，VM）；④并行工程（Concurrent Engineering，CE）。

计算机集成制造系统是多学科的交叉，涉及不同的技术领域。涉及的自动化技术包括：①数控技术；②计算机辅助设计（CAD）与计算机辅助制造（CAM）；③立体仓库与自动化物料运输系统；④自动化装配与工业机器人；⑤计算机辅助生产计划制订；⑥计算机辅助生产作业调度；⑦质量监测与故障诊断系统；⑧办公自动化与经营辅助决策。

我国在1987年开始实施“863计划”的CIMS主题，这一时期国外CIMS技术强调计算机集成制造系统的核心是“集成系统体系结构”。我国在实施过程中不可避免地受其影响。实施计算机集成制造系统的企业需要具有相当好的技术基础和管理基础，需要有比较高的经济效益支持。另外，计算机集成制造系统的实施需要高投入，而我国绝大多数企业在短期内都不具备这些条件。经过30多年的努力实施，我国取得的主要成绩可以概括为：在高校、企业已经培养了一大批掌握计算机集成制造系统技术及相关技术的人才；通过计算机集成制造系统计划示范项目的实施，推动了企业应用信息技术，提高了生产效率和经营管理水平，为探索我国大中型企业在现有条件下发展计算机集成制造系统高技术及其产业化道路提供了经验和教训；建立了计算机集成制造系统工程技术研究中心和一批实验网点与培训中心，为计算机集成制造系统技术的研究、试验、人员培训打下了良好的基础，如清华大学的 CIMS 中心、西安交通大学的 CIMS 中心等完成了一系列重点示范工程。但是，为了进一步发展和推广应用计算机集成制造系统技术，仍然存在一些值得思考的问题，包括：①基础研究与工程应用的关系问题。在未来实施计算机集成制造系统项目时，一定要把基础研究和工程应用严格区分开来。未经实验验证的基础研究成果不能直接应用于工程实际中。②局部集成与企业整体集成的关系问题。在实施计算机集成制造系统的企业中，不能单纯强调企业的整体集成，必须根据企业发展的实际状况以及对计算机集成制造系统的需求，有步骤、有计划地实施单项技术的局部集成，条件成熟后再进行整体集成。③做好试点与推广的问题。计算机集成制造系统本身属于多学科、多专业知识的高度综合，也是管理科学与技术科学的高度综合。开展计算机集成制造系统的研究与试点工作是必要的，等条件成熟后再大面积进行推广。

计算机集成制造系统是未来制造业的发展方向。其未来的发展趋势在自动化技术方面表现在以下 3 个方面：

①以“数字化”为发展核心。“数字化”不仅是“信息化”发展的核心，而且也是先进制造技术发展的核心。数字化制造是指制造领域的数字化，它是制造技术、计算机技术、网络技术与管理科学的交叉、融和、发展与应用的结果，也是制造企业、制造系统与生产过程、生产系统不断实现数字化的必然趋势。

②以“自动化”技术为发展前提。“自动化”从自动控制、自动调节、自动补偿、自动辨识等发展到自学习、自组织、自维护、自修复等更高的自动化水平。目前自动控制的内涵与水平已今非昔比，控制理论、控制技术、控制系统、控制元件都有极大地发展。制造业发展的自动化不但极大地解放了人的体力劳动，而且有效地提高了脑力劳动效率，解放了人的部分脑力劳动。自动化是现代集成制造技术发展的前提条件。

③“智能化”是 CIMS 未来发展的美好前景。制造技术的智能化是制造技术发展的前景。智能化制造模式的基础是智能制造系统。智能制造系统既是智能和技术的集成而形成的应用环境，也是智能制造模式的载体。制造技术的智能化突出在制造诸环节中，以一种高度柔性与集成的方式，借助计算机模拟的人类专家的智能活动，进行分析、判断、推理、构思和决策，取代或延伸制造环境中人的部分脑力劳动，同时，收集、存储、处理、完善、共享、继承和发展人类专家的制造智能。目前，尽管智能化制造的道路还很漫长，但是必将成为未来制造业的主要生产模式之一。

二、工业过程自动化

工业过程自动化起步较早，比较成熟，经历了就地控制、控制室集中控制和综合控制 3 个阶段。采用分散型控制系统和计算机对生产进行综合控制管理，已成为工业自动化的主导控制方式。

现代工业包含许多内容，涉及面非常广。但从控制的角度出发，可以把现代工业分成离散型工业、连续型工业和混合型工业 3 类。在离散型工业中，主要对系统中的位移、速度、加速度等参数进行控制，如数控机床、机器人控制、飞行器控制等都是离散型工业中的典型控制问题。在连续型工业中，主要对系统的温度、压力、流量、液位（料位）、成分和物性 6 大参数进行控制。混合型工业则介于两者之间，往往是两种控制系统均被采用。

习惯上，把连续型工业称为过程工业（Process Industries），过程工业包括电力、石油化工、化工、造纸、冶金、制药、轻工等在国民经济中举足轻重的许多工业，研究这些工业的控制和管理成为人们十分关注的领域。

人们一般把过程工业生产过程的自动控制称为过程控制，它是过程工业自动化的核心内容。过程控制研究过程工业生产过程的描述、模拟、仿真、设计、控制和管理，旨在进一步改善工艺操作，提高自动化水平，优化生产过程，加强生产管理，最终显著地增加经济效益。

虽然早期的过程控制系统采用的基地式仪表、气动单元组合式仪表、电动单元组合式仪表等工具在过程工业的多数工厂中还在应用。但随着微处理器和工业计算机技术的发展，目前广泛采用可编程单回路、多回路调节器以及分布式计算机控制系统（Distributed Computer Control System，DCS）。近年来迅速发展起来的现场总线网络控制系统，更是控制技术和计算机技术高度结合的产物。正是计算机技术的高速发展，才使得在控制工程中研究和发展起来的许多新型控制理论和方法的应用成为可能，如复杂控制系统的解耦控制、时滞补偿控制、预测控制、非线性控制、自适应控制、人工神经网络控制、模糊控制等理论和方法开始在过程控制中发挥越来越重要的作用。

典型的基于计算机控制技术的过程控制系统有直接数字控制系统、分布式计算机控制系统（又称集散控制系统）、两级优化控制系统和现场总线控制系统。直接数字控制（DDC）在许多小型系统中还有一定的应用。大型工业普遍采用的分布式计算机控制系统（DCS）是在硬件上将控制回路分散化，而数据显示、实时监督等功能则集中化。两级优化控制系统采用上位机和分布式控制系统或电动单元组合式仪表相结合，构成两级计算机优化控制系统，实现高级过程控制和优化控制。这种过程控制系统在算法上将控制理论研究的新成果，如多变量解耦控制、多变量约束控制、预测控制、推断控制和估计、人工神经网络控制和估计以及各种基于模型的控制和动态或稳态最优化等，应用于工业生产过程并取得成功。现场总线控制系统是近年来快速发展起来的一种数据总线技术，主要是解决工业现场的智能化仪器仪表、控制器、执行器等现场设备间的数字通信问题，以及这些现场控制设备和高级控制系统间的信息传递问题。现场总线采用全数字化、双向传输、多变量的通信方式，用一对通信线连接多台数字智能仪表。现场总线正在改变传统分布式控制系统的结构模式，把分布式控制系统变革成现场总线控制系统。

与机械制造系统中的计算机集成制造系统（CIMS）类似，计算机集成生产系统

（Computer Integrated Production Systems，CIPS）将计划优化、生产调度、经营管理和决策引入计算机控制系统，使市场意识与优化控制相结合，管理与控制相结合，促使计算机控制系统更加完善，将产生更大的经济效益和技术进步。为了强调与计算机集成制造系统的区别，人们常将计算机集成生产系统（CIPS）称为生产过程计算机集成控制系统。在生产过程中计算机集成控制系统是一种综合自动化系统，由信息、优化、控制和对象模型等组成，具体可分为决策层、管理层、调度层、监控层和控制层。分布式控制系统、先进过程控制及计算机网络技术、数据库技术是实现计算机集成生产系统的重要基础。

计算机集成控制系统是过程工业自动化的最新成就和发展方向，是未来自动控制与自动化技术非常重要的应用领域。

机器人作为人类20世纪最伟大的发明之一，已经成为先进制造业不可缺少的自动化装备，而且正以惊人的速度向海洋、航空、航天、军事、农业、服务、娱乐等各个领域渗透。

三、机器人技术

机器人主要分为两大类：一类是用于制造环境下的工业机器人，如焊接、装配、喷涂、搬运等的机器人；另一类是用于非制造环境下的特种机器人，如水下机器人、农业机器人、微操作机器人、医疗机器人、军用机器人、娱乐机器人等。

机器人是最典型的电子信息技术和经典的机构学结合的产物，按国际机器人联合会定义：用于制造环境的操作型工业机器人，为具有自动控制的、可编程的、多用途的三轴以上的操作机器。高级机器人，近年来国际上泛指具有一定程度感知、思维及作业的机器。这里的感知是指装上各种各样的传感器，能处理各种参数；思维泛指一定信息综合处理能力及局部动作规划及决策；作业泛指各种操作及行走、游泳（水下机器人）及空间飞翔等。按作业环境来划分，机器人可分为作业于结构环境的机器人及作用于非结构环境的机器人两大类。结构环境指作业环境是固定的，作业动作次序在相当一时期内也是固定的，工业机器人就是工作于这样一类环境中，一旦编好程序后，即可全自动进行规定好的作业，当环境或作业方式变更时，只需改变相应的程序。非结构环境指作业环境事先是未知的或环境是变化的，作业总任务虽是事先规定的，但如何去执行则要视当时实际环境才能确定。非制造业用机器人，如建筑机器人、采油机器人、极限条件下的作业机器人、核辐射环境下的机器人、水下机器人等，这类机器人工作环境复杂，目前大都采用遥控加局部自治来操纵。

日本通过使用工业机器人近20年来的经验证明：随着社会经济的改变，需要柔性自动化及机器人化生产，特别是使用机器人化生产后可大大提高行业所需产品的质量，提高劳动生产率。

机器人的应用近几年有很大的变化，过去主要用于汽车工业，作业主要是车身组装点焊及底盘弧焊等工序。1988年，第一次用于电子电气工业的装配机器人总数超过了用于汽车工业的点焊机器人。

我国发展机器人计划有两个：一个是“七五”攻关计划（1985—1990年），主要是发展工业机器人，包括点焊、弧焊、喷漆、上下料搬运等机器人及有缆遥控水下机器人；另一个是863计划智能机器人主题（1986—2000年），在第七个五年计划期间，按国家不重复投资的规定，除布置研究机器人基础技术外，主要以特种机器人为主。

21世纪工业生产大致可分为两种类型：一种是最终产品的生产；另一种是主要元部件的生产。由于产品更新的速度快，批量越来越小，因此对生产最终产品设备柔性的要求越来越高。一般来说，元部件的更新周期长，仍适宜于大规模生产，但也需具有一定的柔性。例如，汽车外形日新月异，一年一个新式样，但引擎的变化要七八年才有一种新的产品出现；电冰箱的外形、功能变化繁多，但压缩机变化较慢。对这两类生产，前者将以发展机器人化柔性加工与装配生产线为主，这种生产装配设备易于重组。后者将以可变组合头的组合机床为主，配上机器人的快速实时检测及配装系统组成的高效生产设备。这两类设备都离不开机器人化的生产概念，机器人在这些系统中起着重要的作用：第一是保证产品的一致性，保证质量，做到固定节奏、均衡生产；第二是极大程度地提高劳动生产率；第三是随着技术的进步，产品越来越精巧，加工装配过程需要超净环境，有些情况下不用机器人已到了无法进行的地步。机器人化生产、装配系统将是一个重要的发展方向。

20世纪70年代，日本知名的机器人学教授加藤一郎创造了“Mechatroruc”一词，即把传统机构与电子技术相结合（中文翻译成机电一体化），作为今后机器进化的方向。最具代表性的是数控机床及机器人。经过20年的发展，“Mechatroruc”已不能完全概括当今的发展，机器人化的机器更能概括当前技术的发展与机器进化的方向。所谓机器人化机器，即机器具有一定程度上的“感知、思维、动作”功能。通俗地说，机器人化机器是将传感技术、计算机技术、各种控制方法与传统机械相结合的新一代机器。另外，非结构环境产业，如采矿、运输、建筑等的自动化也是其一个重要的发展方向，它是在传统作业机器上加上传感器及信息处理功能实现机器人化。

随着机器人技术的发展，各式各样的机器人的应用，从工业到家庭服务必将得到进一步普及和发展。

四、飞行器的智能控制

在地球大气层内或大气层外的空间（太空）飞行的器械统称为飞行器。通常飞行器分为航空器、航天器及火箭和导弹3类。在大气层内飞行的飞行器称为航空器，如气球、滑翔机、飞艇、飞机、直升机等。在空间飞行的飞行器称为航天器，如人造地球卫星、载人飞船、空间探测器、航天飞机等。它们在运载火箭的推动下获得必要的速度进入太空，然后在引力作用下完成轨道运动。火箭是以火箭发动机为动力的飞行器，可以在大气层内飞行，也可以在大气层外飞行。导弹是装有战斗部的可控制的火箭，有主要在大气层外飞行的弹道导弹和装有翼面在大气层内飞行的地空导弹、巡航导弹等。飞行器是人类在征服自然、改造自然过程中发明的重要工具。任何一种飞行器均离不开自动控制系统。不同的飞行器其控制系统各不相同，系统的性能、功能和结构也可能截然不同。飞行器是自动控制最重要的应用领域，许多先进的、新型控制理论和技术正是为了适应飞行器工程的高要求而发展起来的。

飞行器控制的内容非常丰富，下面以导弹的控制问题为例简要说明飞行器控制这一重要的应用领域。

导弹是依靠液体或固体推进剂的火箭发动机来产生推进力，在控制系统的作用下，把有效载荷送至规定日标附近的飞行器。导弹的有效载荷一般是可爆炸的战斗部，有效载荷最终偏离目标的距离是导弹系统的关键指标（命中精度）。目标可以是固定的，也可以是活动的。导弹控制系统的主要任务是：控制导弹有效载荷的投掷精度（命中精度）；对飞行器实施姿态控制，保证在各种条件下飞行的稳定性；在发射前对飞行器进行可靠、准确的检测和操纵发射。实现飞行器控制功能涉及导航、制导、姿态控制等方面。

所谓导航，是指利用敏感器件测量飞行器的运动参数，并将测量的信息直接或经过变换、计算来表征飞行器在某种坐标系的角度、速度和位置等状态量。而由测量、传递、变换、计算几个环节组成并给出飞行器初始状态和飞行运动参数的系统则称为导航系统。对飞行器进行测速、定位的系统称为无线电导航系统。近几年发展和完善起来的全球卫星定位系统，如美国的 GPS，就是无线电导航系统。GPS 接收机的恰当组合还可以测量出飞行器的姿态角度、角速度等。

制导系统的主要功能是利用导航系统提供的飞行器运动参数，对质心运动进行控制，使飞行器从某一飞行状态达到期望的终端条件，从而保证飞行器以足够的精度命中目标。制导系统俗称大回路。

飞行器姿态控制系统又称为稳定控制系统，俗称小回路。姿态控制系统的作用是控制飞行器姿态，保证飞行的稳定性，同时实施制导系统（制导规律）产生的制导指令。

飞行控制电子综合系统是实现导航、制导、姿态控制等功能的电子系统，主要包括控制信息的传输、变换、综合，控制信号（指令）生成等涉及系统功能的综合实现、动作指令分配、电源配电、发射前飞行控制系统对准等。

测试与发射控制系统是导弹武器系统的重要组成部分，用以对导弹进行测试、监视和控制发射。为确保导弹准确无误地飞行，在发射前必须检查、测试飞行控制系统各个部分的功能和参数，以及各部分之间的匹配性及相关性能。发射控制在发射阵地进行，用于临射状态的过程监视、指挥决策、远距离对导弹的状态进行操纵、控制点火发射等。

20 世纪 80 年代末以来，世界形势发生了巨大的变化，未来的战场将具有高度立体化（空间化）、信息化、电子化及智能化的特点，新武器也将投入战场。为了适应这种形势的需要，导弹控制方面正向精确制导化、机动化、智能化、微电子化的更高层次发展。

第四章　电气自动化技术概述

随着现代科学技术的飞速发展，电气自动化技术被广泛应用于各个领域。电气自动化技术的应用不仅提高了相关产业的工作效率，而且提高了相关工作人员的工作质量，改善了工作人员的工作环境。为了使读者对电气自动化技术有一个大致的了解，本章将对电气自动化技术的基本概念、影响因素等内容进行阐述，并介绍电气自动化技术发展的意义和趋势。①

第一节　电气自动化技术的基本概念

一、电气自动化技术概念介绍

自动化技术是指在没有人员参与的情况下，通过使用特殊的控制装置，使被控制的对象或者过程自行按照预定的规律运行的一门技术。这一技术以数学理论知识为基础，利用反馈原理来自觉作用于动态系统，从而使系统的输出值接近或者达到人们的预定值。随着电气自动化产业的迅速发展，电气自动化技术成为扩大生产力的有力保障，成为许多行业重要的设备技术。电气自动化技术是由电子技术、网络通信技术和计算机技术共同构成的，其中，电子技术是核心技术。电气自动化技术是工业自动化的关键技术，实用性非常强，应用范围将越来越广。自动化生产的实现主要依靠工业生产工艺设施与电气自动化控制体系的有效融合，将许多优秀的技术作为基础，从而构成能够稳定运作、具备较多功能的电气自动化控制系统。

反应快、传送信号的速度快、精准性高等是电气自动化技术的主要特征。

电气自动化控制系统为提高某一项工艺的产品品质，可以减少系统运作的对象，提升各类设施之间的契合度，从而有效地增强该工艺的自动化生产效果。对此，目前的电气自动化控制系统将电子计算机技术和互联网技术作为运作基础，并配备了自动化工业生产所需的远程监控技术，利用工业产出的需求及时调节自动化生产参数，利用核心控制室监控不同的自动化生产运作状况。

综上所述，电气自动化技术主要将计算机技术、网络通信技术和电子技术高度集成于

① 谢海洋，电气自动化技术在电力工程中的运用 [J]. 辽宁高职学报，2016 (9): 61—62, 104.

一体，因此对这三种技术有着很强的依赖性。与此同时，电气自动化技术充分结合了这三项技术的优势，使电气自动化控制系统具有更多功能，能够更好地服务于社会大众。此外，应用多项科学技术研发的电气自动化控制系统可以应用于多种设备，控制这些设备的工作过程。在实际应用中，电气自动化控制系统反应迅速、控制精度高，只需要控制相对较少的设备与仪器，就能使整个生产链具备较高的自动化程度，提高生产产品的质量。由此可见，电气自动化技术主要是利用计算机技术和网络通信技术的优势，对整个工业生产的工艺流程进行监控，按照实际生产需要及时调整生产线参数，以满足生产的实际需求。

二、电气自动化技术要点分析

电气自动化技术应用过程中的要点主要包括以下四个方面，具体内容如图 4-1 所示：

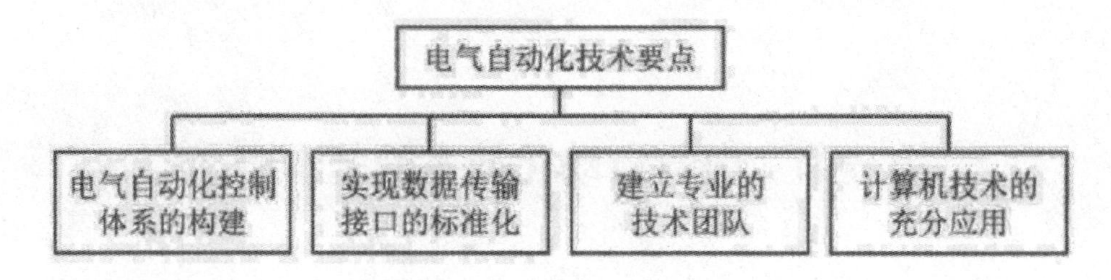

图 4-1　电气自动化技术要点

（一）电气自动化控制系统的构建

从 1950 年初我国开始发展电气自动化专业，到现在电气自动化专业依然焕发着勃勃生机，究其原因是该专业覆盖领域广、适应性强，加之全国各大高校陆续开设同类专业，使这一专业历经多年发展态势仍然强劲。电气自动化专业的开设使得该专业的大学生和研究生不断增多，电气自动化专业就业人员的人数也飞速增长。我国对电气自动化专业技术人员的需求越来越多，供求关系随着需求量的增长而增长。如今，培养电气自动化专业顶尖技术人才是我国亟须解决的重要问题。为此，我国政府发布了许多有利于培养此类专业型人才的政策，为此类人才的培养创造了便利的条件，使得电气自动化专业及其培养出的人才都可以得到更好的发展。由此可见，我国高校电气自动化专业具备优越的发展条件，属于稳步上升且亟须相关人才的新型技术行业。就目前情况来看，我国电气自动化专业发展将会更加迅速。

要想有效地应用电气自动化技术，首先必须构建电气自动化控制系统。目前，我国构建的电气自动化控制系统过于复杂，不利于实际的运用，并且在资金、环境、人力以及技术水准等方面存在一定的问题，使其无法有效地促进电气自动化技术的发展。为此，我国必须提升构建电气自动化控制系统的水平，降低构建系统的成本，减小不良因素对该系统造成的负面影响，从而构建出具有中国特色的电气自动化控制系统。电气自动化控制系统的构建应从以下两方面入手。

首先，要提高电气自动化专业人才的数量和质量，培养电气自动化专业高端、精英型人才。虽然当前我国创办的电气企业非常多，电气从业人员和维修人员众多，从业人员的收入也不断上涨，但是我国精通电气自动化专业的优秀人才少之又少，高端、精英、顶尖的专业技能型人才更加稀缺。为此，基于发展前景良好的电气自动化专业的现状和我国社会的迫切需求，各大高校应提高电气自动化专业人才的数量和质量，培养电气自动化专业高端、精英型人才。

其次，要大批量培养电气自动化专业的科研人才。研发顶尖科学技术产品需要技术能力高、创新能力强的科研人才。为此，全国各地陆续建立了越来越多的科研机构，专业科研人员团队的数量和实力不断增强。与此同时，随着电气自动化市场的迅速发展，电气自动化技术成为促进社会经济发展的重要力量，电气自动化专业科研人才的发展前景十分乐观。为此，各大高校和科研机构还应该培养一大批技术能力高、创新能力强的电气自动化专业科研人才。

（二）实现数据传输接口的标准化

数据传输接口的标准化建设是数据得以安全、快速传输和电气工程自动化得以有效实现的重要因素。数据传输设备是由电缆、自动化功能系统、设备控制系统以及一系列智能设备组成的，实现数据传输接口的标准化能够使各个设备之间实现互相联通和资源共享，建设标准化的传输系统。

（三）建立专业的技术团队

目前许多电气企业的员工存在技术水平低、整体素质低等问题，实际电气工程的安全隐患较大，设备故障和设施损坏的概率较高，严重时还会导致重大安全事故的发生。因此，电气企业在经营过程中应该招募具备高水准、高品质的人才，利用专业人才提供的电气自动化技术为社会建设提供坚实的保障，降低因人为因素而造成的电气设施故障的概率；还应该使用有效的策略对企业中的工作人员进行专业的技术培训，如入职培训等，提升工作人员电气自动化技术的知识和技能。

（四）计算机技术的充分应用

计算机技术的良好发展不仅促进了不同行业的发展，也为人们的日常生活带来了便利。由于当前社会处于快速发展的网络时代，为了构建系统化和集成化的电气自动化控制体系，可以将计算机技术融入电气自动化控制体系中，以此来促进该体系朝着智能化的方向发展。将计算机技术融入电气自动化控制体系，不仅可以实现工业产出的自动化，提升工业生产控制的准确度，还可以达到提升工作效率和节约人力、物力等目的。

三、电气自动化技术基本原理

电气自动化技术得以实现的基础在于具备一个完善的电气自动化控制体系，主要设计思路集中于监控手段，具体包括现场总线监控和远程监控。从整体来看，电气自动化控制体系中核心计算机的功能是处理、分析体系接受的所有信息，并对所有效据进行动态协调，完成相关数据的分类、处理和存储。由此可见，保证电气自动化控制体系正常运行的关键在于计算机系统正常运行。在实际操作过程中，计算机系统通过迅速处理大批量数据来完成电气自动化控制体系设定的目标。

启动电气自动化控制体系的方式有很多，在具体操作时，需要根据实际情况进行选择。当电气自动化控制体系的功率较小时，可以采用直接启用的方式，以保证体系正常的启动和运行；当电气自动化控制体系的功率较大时，必须采用星形或三角形启用的方式，只有这样才能保证体系正常的启动和运行。此外，有时还可以采用变频调速的方式来启动电气自动化控制体系。实际上，无论采用哪种启动方式，只要能够确保电气自动化控制体系中的生产设施能够稳定、安全运行即可。

为了对不同的设备进行开关控制和操作，电气自动化控制体系将对厂用电源、发电机和变压器组等不同电气系统的控制纳入 ECS 的监控范畴，并构成了 220 kV/500 kV 的发变组断路器出口。该断路器出口不仅支持手动控制电气自动化控制体系，还支持自动控制电气自动化控制体系。此外，电气自动化控制体系在调控系统的同时，还可以对高压厂用变压器、励磁变压器和发电组等保护程序加以控制。①

四、电气自动化技术的优缺点

（一）电气自动化技术的优点

电气自动化技术能够提高电气工程工作的效率和质量，并且使电气设备在发生故障时可以立刻发出报警信号，自动切断线路，增加电气工程的精确性和安全性。由此可见，电气自动化技术具有安全性、稳定性以及可信赖性的优点。与此同时，电气自动化技术可以使电气设备自动运行，相对于人工操作来说，这一技术大大节约了人力资本，减轻了工作人员的工作量。此外，电气自动化控制体系中还安装了 GPS 技术，能够准确定位故障所在之处，以此来保护电气设备的使用和电气自动化控制体系的正常运行，减少了不必要的损失。

（二）电气自动化技术的缺点

虽然电气自动化技术的优点有很多，但我们也不能忽视其存在的缺点，电气自动化技术的缺点如图 4-2 所示。

① 杨霞，刘桂秋 . 电气控制及 PLC 技术 [M]. 北京：清华大学出版社，2017.

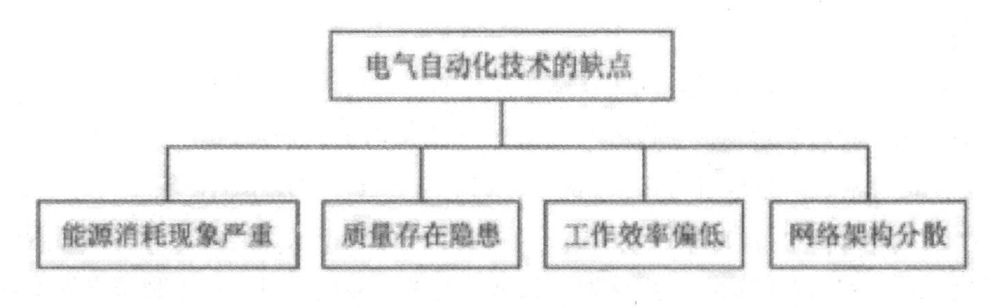

图 4–2　电气自动化技术的缺点

1. 能源消耗现象严重

能源是电气自动化技术得以在各领域应用的基础。目前，能源消耗量过大是电气自动化技术表现出的主要缺点，造成这一缺点的主要原因有两个：第一，在电气自动化控制体系运行的过程中，相关部门对其监管的力度不够，使得电气自动化技术在应用时缺少具体的能源使用标准，造成了极大的能源浪费；第二，大部分电气企业在选择电气设备时，仅仅追求电气设备的效率和产量，并未分析电气设备的能耗情况，导致生产过程中使用了能源消耗量极大的电气设备，并造成了能源的浪费。

能源消耗现象严重显然不符合我国节能减排的号召，长此以往，还将对工业的可持续性发展造成影响。因此，为了确保电气自动化技术的良好发展，必须提高相关人员的节能减排意识，从而提高电气自动化控制体系的能源使用效率。

2. 质量存在隐患

纵使当前电气自动化技术已发展得较为成熟，但该技术的质量管理水平方面依旧处于较低的水平。造成这一现象的主要原因在于，我国电气自动化技术起步较晚，缺乏较为完善、合理的管理程序，导致大部分电气企业在应用电气自动化技术时，只侧重于对生产结果及生产效率的关注，忽视了该技术应用时的质量问题。

众所周知，一切有关电器、电力方面的技术和设备，其质量方面必须严格把关。如果此类技术和设备的质量控制水平较低，就极有可能会引发多种用电安全问题，如漏电、火灾等，从而造成严重的后果。由此可见，电气自动化技术和设备的质量问题值得社会各界重点关注。

3. 工作效率偏低

企业生产效率的高低取决于生产力水平的高低，因此我们必须对我国电气企业工作效率过低的问题予以高度重视。自改革开放至今，虽然我国电气自动化技术和电气工程取得了良好的成效，但是电气企业的整体经济收益与电气技术长期稳定的发展、企业熟练地运用电气自动化技术及电气工程技术存在直接关系。目前电气企业中存在电气自动化技术的使用范围较小、生产力水准较低以及使用方式当等问题，这是导致我国电气企业工作效率过低的重要因素。

4. 网络架构分散

除了以上缺点之外，电气自动化技术还具有网络架构较为分散的显著缺点。电气自动化技术不够统一的网络架构，使得电气自动化控制体系内各项技术的衔接不够流畅，无法与商家生产的电器设备接口进行连接，从而影响了电气自动化技术在各领域的应用及发展。

实际上，如果不及时对电气自动化技术网络架构分散的缺点进行改善，很可能会导致该技术止步于目前的发展状况，无法取得长远的发展。与此同时，由于我国电气企业在生产软硬件电气设备时，缺乏标准的程序接口设置，导致各个企业间生产的设置接口存在较大的差异，彼此无法共享信息数据，进而阻碍了电气自动化技术的发展。由此可见，我国电气企业要想进一步发展和提高自身生产的精确度和生产效率，就要基于当前的社会发展状况，构建统一的电气工程网络构架及规范该构架的标准。

五、电气自动化技术的优化措施

（一）改善能源消费过剩问题

针对电气自动化技术能耗高的问题，作者认为可以从以下三个方面来解决：一是大力支持新能源技术的发展，新能源回收技术将在实践中得到检验；二是在电气自动化技术的设计过程中，根据技术设计标准，合理地引入节能设计，使电气自动化技术的应用不仅可以满足实际的技术要求，而且可以达到降低能耗的目的，真正实现节能减排；三是企业在采购电气设备时，应按照可持续发展的理念来选择新型节能电气设备，尽量减少生产过程中的能耗。

（二）加强质量控制

从前述电气自动化技术的缺点可以看出，电气自动化控制技术质量不高的主要原因是缺乏完善的质量管理体系。因此，电气企业在生产活动中应用电气自动化控制技术时，应按照相关的质量管理标准建立统一、完善的技术管理体系，并针对本企业的各项电气自动化控制技术，建立相应的质检部门，以提高电气自动化控制技术在应用过程中的质量管理水平。

（三）建立兼容的网络结构

针对电气自动化技术网络架构不足的问题，电气企业应充分利用现有的网络技术的优势，规范、完善电气自动化技术的网络结构。虽然因电气自动化技术的不兼容性，使得该技术的网络架构难以统一，但这并不意味着这个缺点不能改进。在这一方面，建立兼容的网络架构可以弥补电气自动化控制技术中通信的不足，实现系统中存储数据的自由交换，从而促进电气自动化技术的发展和提高。

六、加强电气自动化控制系统建设的建议

针对前文提出的电气自动化技术的缺点，本书整理了改进电气自动化控制系统的建议，具体内容如图 4-3 所示。

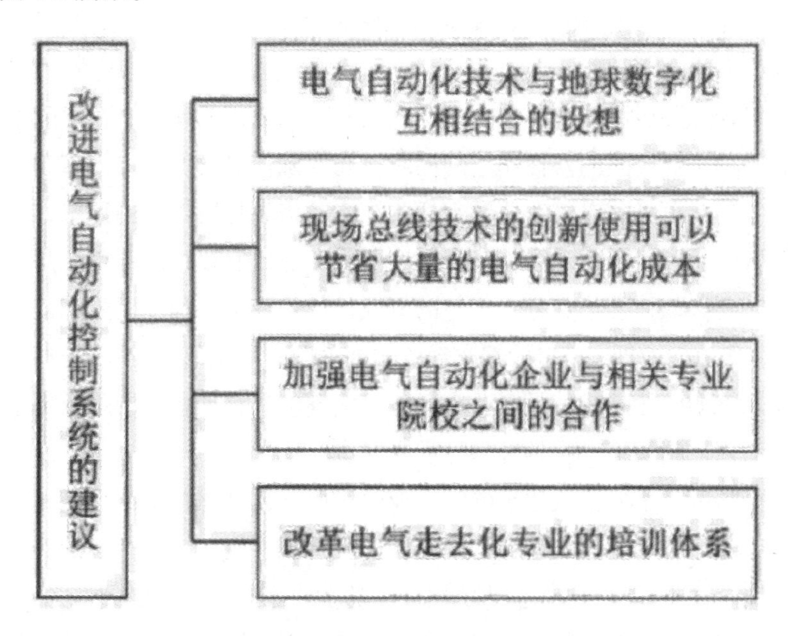

图 4–3　改进电气自动化技术的建议

（一）电气自动化技术与地球数字化相结合的设想

在科学技术水平持续增长、经济飞速发展的今天，电气自动化技术得到了普遍应用。随着国民经济的不断发展和改革开放的不断深入，我国工业化进程的步伐进一步加快，电气自动化控制系统在这一过程中扮演着不可忽视的角色。为了加强电气自动化控制系统的建设，本书提出了将电气自动化技术与地球数字化相结合的设想。

地球数字化中包括自动化的创新经验，可以将与地球有关的、动态表现的、大批量的、多维空间的、高分辨率的信息数据整体成为坐标，并将整理的内容纳入计算机中，再与网络相结合，最终形成电气自动化的数字地球，使人们足不出户也可以了解到电气自动化技术的相关信息。这样一来，人们若想要知道某个地区的数据信息，就可以按照地理坐标去寻找对应的数据。这也是实现信息技术结合电气自动化技术的最佳方式。

要想实现电气自动化技术与地球数字化互相结合的设想，就要实现电气自动化控制系统的统一化、市场化，安全防范技术的集成化。为此，电气企业需要提升自己的创新能力，政府也要对此予以支持。下面将从电气企业的角度出发，分析其实现电气自动化技术与地球数字化相结合设想应采取的措施。

首先，电气自动化控制系统的统一化不仅对电气自动化产品的周期性设计、安装与调

试、维护与运行等功能的实现有着非常重要的影响，而且可以减少电气自动化控制系统投入使用时的时间和成本。要想实现电气自动化控制系统的统一化，电气企业就需要将开发系统从电气自动化控制系统的运行系统中分离出来。这样一来，不仅达到了客户的要求，还进一步升级了电气自动化控制系统。值得注意的是，电气工程接口标准化也是电气自动化控制体系统一化的重要内容之一，接口标准化对于资源的合理配置、数字化建设效果的优化都有较为积极的意义。

其次，电气企业要运用现代科学技术深入改革企业内部的体制，在保障电气自动化控制系统、作为一种工业产品的发挥作用的同时，还要确保电气产品进入市场后可以适应市场发展的需求。由此可见，电气企业要密切关注产品市场化所带来的后果，确保电气自动化技术与地球数字化可以有效地结合。另外，电气企业研发投入的不单单是开发的技术和集成的系统，还要采取社会化和分工外包的方式，使得零部件的配套生产工艺逐渐朝着生产市场化、专业化方向发展，打造能够实现资源高效配置的电气自动化控制系统产业链条。实际上，产业发展的必然趋势就是产业市场化，实现电气自动化控制系统的市场化发展对于提升电气自动化控制系统来说具有非常重要的作用。

再次，安全防范技术的集成化是电气企业改进电气自动化技术的战略目标之一，其关键在于如何确定电气自动化控制系统的安全性，实现人、机、环境三者的安全。当电气自动化控制系统安全性不高时，电气企业要用最少的费用来制订最安全的方案。具体流程为：电气企业要先探究市场发展和延伸的特征，考虑安全性最高的方案，然后将低安全方案不断进行调整，从硬件设备到软件设备，从公共设施层到网络层，全方位地研究电气自动化控制系统的安全与防范设计。

最后，电气企业需要不断提升自身的技术创新能力，加大对具备自主知识产权的电气自动化控制系统的科研投入，将引进的新型技术产业进行及时的理解—吸收—再创新，以便在电气自动化技术的创新过程中提供更为先进的技术支持。与此同时，鉴于电气自动化控制系统已成为推动社会经济发展的主导力量，政府应当对此予以重视，完善、健全相关的创新机制，在政策上对其加大扶持力度。

此外，电气自动化控制系统在采用了微软公司的标准化接口技术后，大大降低了工程的成本。同时，程序标准化接口解决了不同接口之间通讯难的问题，保证了不同厂家之间的数据交换，成功实现了共享数据资源的目标，为实现与地球数字化互相结合的设想提供了条件。

（二）现场总线技术的创新使用可以节省大量的成本

通过研究电气自动化控制系统可知，该系统使用以以太网作为核心的计算机网络，并结合现场总线技术，经过了系统运行经验的积累，使电气自动化技术朝着智能化的方向发展。现场总线技术的创新使用使电气自动化控制系统的建设过程更加凸显其目的性——高效融合电气设备的生产信息与顶层信息，将该系统的通信途径供应给企业的最底层设施。

此外，电气企业在设计电气自动化控制系统时，可以根据间隔不同产生不同效果的特征，实现间隔状况的控制。

将现场总线技术创新应用于电气企业的底层设施中，不仅能够满足网络向工业提供服务的需求，还初步达成了政府管理部门获取电气企业数据的目的，节省了政府搜集信息的成本。

（三）加强电气企业与相关专业院校之间的合作

为了加强电气自动化控制系统的建设，相关专业院校应该积极建设电气自动化专业校内车间和厂区，建设具备多种功能、可以积累经验的生产培训场所，以此促进电气自动化专业人才能力的提升。高校应充分融合相关的数据和信息，针对市场的需要，培养电气自动化技术专业人才。同时，高校还应充分融合实践和教学来促进学生对教材知识的充分掌握，通过实践夯实理论知识，最终培养出能够满足电气企业和市场需求的人才。

为了促进岗位职能与实践水平的有效融合，电气公司应该积极联合相关专业院校共同创建培训基地，在基地内部实行技术生产、技巧培训，集中建设不同功用的生产、学习、试验培训场地；还应根据企业的具体要求，设定相关的理论学习引导策略和培育人才的教学策略。对于订单式人才的培育而言，电气企业应该结合企业与高校的优势，通过分析企业的人才需求，与相关专业院校共同制定出人才培育的教学方案，从而实现电气自动化专业人才的针对性培养。

综上所述，高校应该在学生在校期间就开始培养学生的电气自动化技术，并强化与电气企业间的合作，确保学生在校期间就已经具备高超的专业技术，并能够将自身掌握的知识并合理地运用于电气自动化技术的实践中，从而促进电气自动化行业的快速发展。电气企业也要积极与高校联系，针对特定的岗位需求，培养出订单式电气自动化专业人才。

（四）改革电气自动化专业的培训体系

首先，高校应该融合不同岗位群体所需要的理论知识和技能水平，以工作岗位为基础，根据岗位特征来确定电气自动化专业的教学内容。其次，高校应该将研究对象设置为切实可靠的生产任务，并以此为基础对学生电气自动化技术的实践能力进行测试，并根据测试结果改善课程中的学习内容，将实践、授课和学习三个方面有机结合起来。最后，为了使学生能够深入了解电气自动化具体的工作流程，学校应该在教育教学的过程中，组织进行相关的实习。

综上所述，为了使电气自动化专业的人才运用自身的知识，推动电气自动化行业的发展，高校应该对在校大学生进行电气自动化技能培养，改革陈旧的电气自动化专业的培训体系，强化学校和电气企业间的合作。

第二节　电气自动化技术的影响因素

为了有效地发挥电气自动化技术在各个行业的作用，我们必须探寻与分析影响电气自动化技术发展的因素。为此，本节主要说明电气自动化控制技术的三方面影响因素，如图4-4所示。

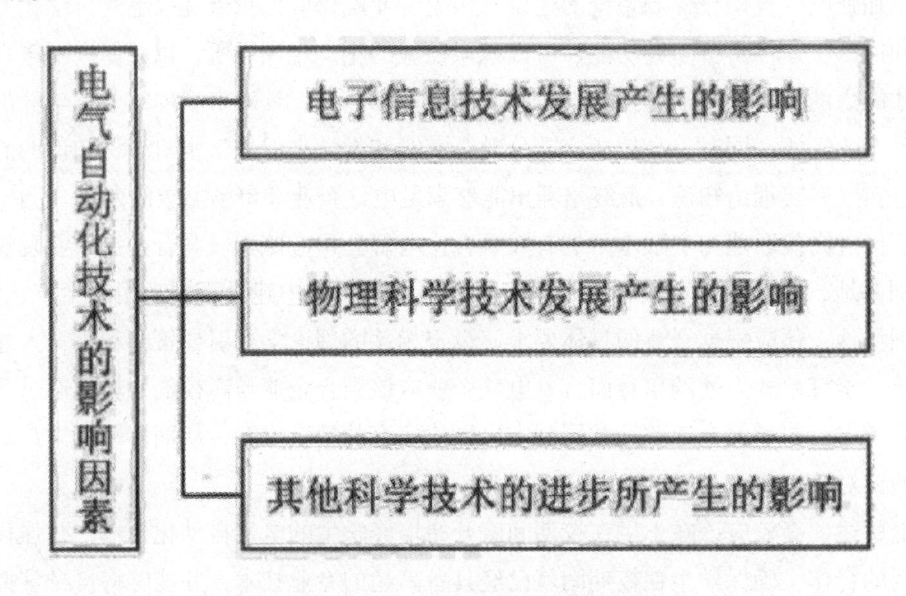

图4–4　电气自动化控制技术的影响因素

一、电子信息技术发展产生的影响

信息技术是指人们管理和处理信息时采用的各类技术的总称。具体包含通信技术和计算机技术等，其主要目标是对有关技术和信息等方面进行显现、处理、存储和传感。现代信息技术，又称“现代电子信息技术”，是指为了获取不同内容的信息，运用计算机自动控制技术、通信技术等现代技术，对信息内容进行传输、控制、获取、处理等的技术。

如今，电子信息技术早已被人们所熟知，它与电气自动化技术的关系十分紧密，相应的软件在电气自动化技术中得到了良好的应用，能够使电气自动化技术更加安全、可靠。当前，人们处于一个信息爆炸的时代，我们需要尽可能地构建出一套完整、有效的信息收集与处理体系，否则可能无法紧跟时代的步伐，与时代脱节。对此，电气自动化技术要想取得突破性的发展，就需要融入最新的电子信息技术，探寻电气自动化技术的可持续发展的路径，扩展其发展前景与发展空间。

综上所述，电子信息技术主要是在社会经济的不同范畴内运用的信息技术的总称。对于电气自动化技术而言，电子信息技术的发展可以为其提供优秀的工具基础，电子信息技术的创新可以推动电气自动化技术的发展；同时，不同学科范畴的电气自动化技术也可以反作用于电子信息技术的发展。

二、物理科学技术发展产生的影响

20世纪下半叶，物理科学技术的发展有效地促进了电气自动化技术的发展。至此之后，物理科学技术与电气自动化技术的联系日益密切。总体来说，在电气自动化技术运用和发展的过程中，物理科学技术的发展起到了至关重要的作用。为此，政府和电气企业应该密切关注物理科学技术的发展，以避免电气自动化技术在发展的过程中出现违反现阶段物理科学技术的产物，阻碍电气自动化技术的良性发展。

三、其他科学技术的进步所产生的影响

其他科学技术的不断发展推动了电子信息技术的快速发展和物理科学技术的不断进步，进而推动了电气自动化技术的快速发展。除此之外，现代科学技术的飞速发展以及分析方法的快速更新，直接推动了电气自动化技术设计方法的日新月异。

第三节　电气自动化技术发展的意义和趋势

随着电气自动化技术的发展，人们的生产和生活越来越便利，人们对电气自动化控制体系的关注也日益增强。电气自动化技术具有信息化、智能化、节约化等主要优势，可以持续促进社会经济的发展。基于此，政府部门和电气企业为满足市场发展过程中的相关需求，为促进电气自动化控制体系的智能化、开放化发展，应该加大对电气自动化控制体系的投入力度，有效促进电气自动化控制体系功能的提升。

一、电气自动化技术发展的意义

随着电气自动化技术的不断发展，电气自动化控制设备已经走向成熟阶段，我国消费群体及用户对电气自动化控制设备在性能与可靠性方面的要求越来越高。其中，提高电气自动化控制设备运行的可靠性是人们最基本的要求，这是因为具有可靠性的电气自动化控制设备可以将设备出现故障的概率控制在较小范围内，不仅提高了该设备的使用效率，还降低了使用单位的维护与管理方面的成本投入。所以，如何提高电气自动化控制设备的可靠性成为人们亟待解决的问题。

电气自动化控制设备的可靠性主要体现在以下几个方面：设备自身的经济性、安全性与实用性。按照实际生产经验来看，电气自动化控制设备的可靠性与产品生产和加工质量

都有十分密切的关系，而电气产品生产和加工质量与电气自动化技术有关。由此可见，发展电气自动化技术对提高电气自动化控制设备的可靠性具有重要的意义。

二、电气自动化技术的发展趋势

IEC 61131 的颁布以及 Microsoft 的 Windows 平台的广泛应用，使得计算机技术在当前和未来电气自动化技术的发展过程中都将发挥十分重要的作用。IEC 61131 标准是国际电工委员会（International Electrotechnical Commission，简称 IEC）提出的国际化电气自动化技术标准，目前被各种电气企业普遍运用。IT 平台与电气自动化 PC 以太网和 Internet 技术、服务器架构引起了电气自动化的一次又一次革命。自动化和 IT 平台的融合是当前市场需求的必然趋势，而且范围不断扩大的电子商务也促进了这种结合。为了对自身的生产信息进行全方位的切实掌握，电气企业的管理者可以利用浏览器存储和调用企业内部的主要管理数据进行分析，还可以监控现有生产过程的动态画面。与此同时，Internet 技术和多媒体技术在目前的信息时代和自动化发展过程中具备广阔的应用前景，使得电气自动化技术正在逐步由以往的单一设施转化为集成化系统。此外，在未来的电气自动化产业中，虚拟现实技术和视频处理技术也会对其产生重大影响，如软件、组态环境、通信能力和软件结构在电气自动化控制体系中表现出重要性。为了便于读者理解，下面介绍五方面电气自动化技术的发展趋势，具体内容如图 4-5 所示。

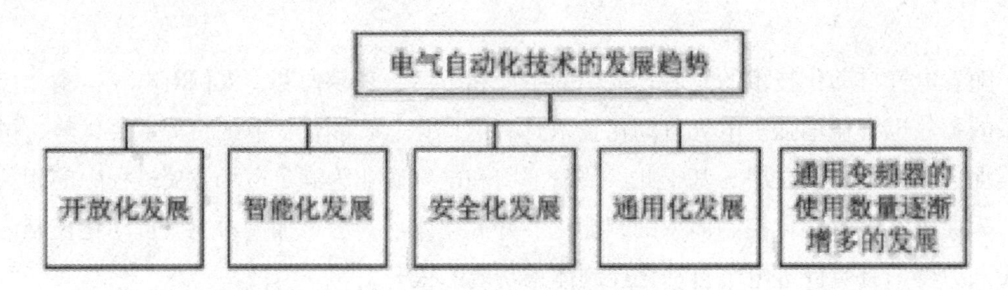

图 4–5　电气自动化技术的发展趋势

（一）开放化发展

在研究人员将自动化技术与计算机技术融合后，计算机软件的研发项目获得了显著发展，企业资源计划（ERP 体系）集成管理理念随着电气企业自动化管理的发展，同时受到了民众的普遍重视。ERP 体系集成管理理念，是指对整个供应链的人、财、物等所有资源及其流程进行管理。现阶段，我国电气自动化技术正在朝着集成化方向发展。对此，研究电气自动化技术的工作人员应该加强对开放化发展趋势的重视。

电气自动化技术的开放化发展促进了电气企业工作效率的提升和信息资源的共享。与此同时，以太网技术的出现进一步推动电气自动化技术向开放化方向发展，使电气自动化控制体系在互联网和多媒体技术的协同参与中得到了升级。[①]

（二）智能化发展

电气自动化技术的应用给人们的生产和生活带来了极大的便利。当前，电气自动化技术因以太网输送效率的提升面临着重大的发展机会和挑战。对此，相关研究人员应该重视电气自动化技术智能化发展的研究，以满足市场对电气自动化技术提出的发展要求，从而促使电气自动化技术在智能化发展的道路上走得更远，促进电气自动化技术的可持续发展。

目前，大部分电气企业着重研究和开发电气设备故障检测的智能化技术。这样做不仅可以提升电气自动化控制体系的安全性和可靠性，而且可以降低电气设备发生故障的概率。此外，大部分电气企业已经对电气自动化技术的智能化发展有了一定的认识和看法，有些技术甚至已经取得了阶段性的研究成果，如与人工智能技术进行了结合，这些都有效地促进了电气自动化技术朝着智能化方向发展。

（三）安全化发展

安全化是电气自动化技术得以在各个领域广泛应用的立足之本。为了确保电气自动化控制体系的安全运转，相关研究人员应该在降低电气自动化控制体系成本的基础上，对非安全型与安全型的电气自动化控制体系进行统一集成，以确保用户可以在安全的状况下使用电气设备。为了确保网络技术的稳定性和安全性，相关研究人员应该站在我国现如今电气自动化控制体系安全化发展的角度上，对电气设备硬件设施转化成软件设施的内容进行的重点研究，使现有的安全级别向危险程度低的级别转化。

（四）通用化发展

目前，电气自动化技术正在朝着通用化的方向发展，越来越多的领域开始应用电气自动化技术。为了真正实现电气自动化技术的通用化，相关研究人员应该对电气设备进行科学的设计、适当的调试，并不断提高电气设备的日常维护水平，从而满足用户多方面的需求。与此同时，当前越来越多的电气自动化控制体系开始普遍使用标准化的接口，这种做法有力地推动了多个企业和多个电气自动化控制体系之间资源数据的共享，实现了电气自动化技术和电气自动化控制体系的通用化发展，为用户带来更大的便利。在未来计算机技术与电气自动化技术结合的过程中，Windows 平台、OPC 技术和 IEC 61131 标准将发挥重要的作用，应用广泛的电子商务可以使 IT 平台与电气自动化技术的融合进一步加快。

在电气自动化的发展过程中，电气自动化技术的集成化和智能化发展得较为顺利，通用化发展存在些许障碍。为了强化工作人员对电气自动化控制体系的认知，电气企业应该就电气自动化控制体系中的安装、工作人员的操作等内容进行培训，使工作人员可以充分掌握体系中的各个设备和安装环节。需要重点关注的是，电气企业需要对没有接触过新技术、新设施的工作人员进行培训。与此同时，电气企业应该对可能会降低电气自动化控制

① 周亚峰. 浅谈电气自动化控制系统的应用及发展趋势 [J]. 中小企业管理与科技（下旬刊），2011(6)：313—314.

体系的可靠性和安全性方面进行预防，重视提升员工的技术操作水准，务必保证员工充分掌握体系中的硬件操作、保养维修软件等有关技术，以此推动电气自动化技术朝着通用化的方向发展。

（五）通用变频器的数量逐渐增多的发展

本书所说的通用变频器是指在市场中占比相对较大的中、小功率的变频器，此类变频器可以批量生产。作者通过对各种类型的变频器进行分析后发现，U/F 控制器逐渐从普通功能型转变为高功能型，到现在已经发展成为动态性能非常强的矢量控制型变频器。通用变频器的主要零部件是绝缘栅双极型晶体管（IGBT），这一零部件在实际应用过程中具有非常强的可靠性和操作性，维修也相对比较简单。在这些优势的推动之下，电气自动化控制体系中通用变频器的数量逐渐增多，单片机控制电气设备得以发展和被广泛应用。具体表现在以下两个方面：

1. 变频器电路从低频发展成高频

高频变频器电路在实际运行的过程中，不仅不会对逆变器的运行稳定性和安全性造成任何影响，还可以大幅提升逆变器的运行效率，有效地减少其对开关的伤害。在此背景下，逆变器的尺寸就会逐渐缩小，逆变器在生产环节中消耗的成本自然可以得到有效的控制。此外，逆变器功率的提升使其朝着集成化的方向发展，但必须将逆变器应用于高频电路才可以凸显其优势。由此可见，在电气自动化技术发展的过程中，变频器电路必定会朝着高频的方向发展。

2. 计算机技术及电子技术推动了电气自动化技术的发展

20 世纪 80 年代，单片机技术的发展和应用使我国电气设备实现了全面的更新，再结合计算机技术的应用，促使企业实际运行的过程中实现了实时动态监控及自动化调度等目标，并以此为基础促使企业生产朝着自动化的方向发展。这些举措都有效地推动了电气自动化技术的发展。在此基础上研发出来的电气自动化应用系统的应用软件可以实现企业对实时、动态的数据开展采集、汇总等工作。但是，在此过程中，仍然存在一些问题。例如，不同厂家提供的电气设备实际上不可以相互连接；电气设备和计算机之间采用的是星形连接模式，这就导致数据信息传输的实时性比较弱，难以及时调动各种类型的设备执行指令，进而导致企业运行的安全性及稳定性受到一定的威胁。随着计算机技术及电子技术的发展，这些问题得到一定程度上的缓解，推动了电气自动化技术的发展，也促使企业运行的安全性及稳定性得到了大幅度的提升。

第五章　电气自动化技术的衍生技术及其应用

随着科学技术的飞速发展和全球化进程的不断深入，世界各个国家（地区）都意识到科学技术的重要性，各个国家（地区）都加大了对科技研发的力度。目前，越来越多的科技成果已经被应用到人们的生产、生活中，并极大地促进了人们生产和生活质量的提升，电气自动化技术就是其中之一。为了使读者了解电气自动化技术的应用理念，本章从电气自动化控制技术、电气自动化节能技术和电气自动化监控技术三个方面展开介绍电气自动化技术的衍生技术。

第一节　电气自动化控制技术的应用

电气自动化控制技术作为一种现代化技术，在电力、家居、交通、农业等多个领域中都发挥着不可替代的作用，充分优化了人们的居住场所，为人们的生产和生活提供了极大的便利，使人们的生产和生活更加丰富多彩。基于此，本节将从电气自动化控制技术的发展历程和发展特点出发，然后介绍我国电气自动化控制技术的应用现状，最终引出电气自动化控制技术未来的发展方向。

一、电气自动化控制技术的发展历程

电气工程是一门综合性的学科，计算机技术、电子技术、电工技术等都是与电气工程相关的技术。随着计算机技术的飞速发展，电气自动化控制技术得到了高度优化。现阶段，大型铁路、工业区、客运车站、大型商场等场所普遍应用电气自动化控制技术。这一技术不仅可以确保电气企业经营、生产活动的顺利进行，提升电气设备检测的精确度，有效强化信息传送的有效性、实时性，充分减轻人工劳动的工作强度，还可以保障电气设备的顺利运作，降低其发生安全事故的概率。下面分析电气自动化控制技术的发展历程。

实际上，与日本、欧洲、美国等发达国家和地区相比，我国研究电气自动化控制技术的时间相对来说较短。我国初期研究电气自动化控制技术时，主要将其应用于工业领域，后来随着这一技术水平的不断提高，其应用范围逐步被拓展到手工业、农业领域。电气自动化控制技术的不断发展使我国综合实力得以全面提升，我国不同行业的生产成本得以有效调节，人们的生活水平得到显著提高，人们的经济收益与其生产、生活得到了合理的协

调。与此同时，迅速发展的电气自动化控制技术还提升了电气自动化控制系统的稳定性，促进了该系统朝着自动化和智能化方向发展，加强了电气自动化技术与计算机技术、电子技术、智能仿真技术之间的紧密联系，并将以上技术的优势进行了高度整合，有效地优化了电气自动化控制技术和电气自动化控制系统。在实际生活中，工厂的机械手搬运货物、码堆货物、运输货物等都是人们常见的应用电气自动化控制技术的例子。

纵观电气自动化控制技术的发展历程可以发现，正是由于电气自动化技术与信息技术、电子技术、计算机技术的有效融合才形成了电气自动化控制技术。通过几十年的快速发展，电气自动化控制技术已经趋向成熟，成为工业生产过程中最为主要的工业技术。20 世纪 50 年代，电力技术的应用与发展不仅推动了第三次工业革命，也促使人们的生产和生活模式产生了重大变化。而后，随着接触器、继电器的产生，相关的专家、学者提出了“自动化”这一专业名词，民众逐渐掌握了电气自动化控制技术的知识和电气设备的运行方法。20 世纪 60 年代，计算机技术与现代信息技术相继出现，这两项技术进一步提升了电气自动化控制系统将信息处理与自动化控制相结合的能力。这样一来，人们就可以利用电气自动化控制系统自动控制电气设备，优化生产的控制和管理过程，电气自动化控制技术步入急速发展阶段。在这一时期，机械自动控制是电气自动化控制技术的主要表现形式，由此推动了一大批电力、电机产品的产生，虽然当时人们尚未意识到电气自动化控制的本质，但这是工业生产中首次出现自动化的设备。至此之后，电气自动化控制技术的发展为电气自动化控制系统的研究提供了基本的发展路径和思路。20 世纪 80 年代，出现了运用计算机技术对部分电气设备进行有效控制的技术，这也丰富了电气自动化控制技术。虽然计算机技术的发展对构成电气自动化控制系统的基础结构与组成部分起到了促进作用，但是将计算机技术应用于复杂的管理体系时容易产生障碍，如将计算机技术应用于繁杂的电网体系就极易产生系统故障。电气自动化控制技术真正步入成熟阶段是在 20 世纪以后，此时逐渐成熟的人工智能技术、网络技术和计算机技术对电气自动化控制技术产生了促进作用。这一时期，电气自动化控制技术中的重要技术是集成控制技术、远程遥感技术、远距离监控技术。这一时期，根据可持续发展的理念，电气自动化控制技术逐渐朝着自动化、网络智能化和功能化的道路迈进。20 世纪七八十年代至 21 世纪初，随着微电子技术、IT 技术等新型技术的快速发展，电气自动化控制技术的应用范畴越来越广。此时，电气自动化控制系统不仅充分融合了人工智能技术、电气工程技术、通信技术和计算机技术，还在各个领域不断推行自动控制的理论，使电气自动化控制技术得到了充分的发展，也越来越成熟。自迈入 21 世纪以后，电气自动化控制技术广泛应用于服务产业、工业生产、农业、国防、医药等领域，成为现代国民经济的支柱技术。

根据上文的分析可知，电气自动化控制技术随着信息时代的迅速发展得到了更为广泛的应用。实际上，电气自动化控制系统的信息化特征是在信息技术与电气自动化控制技术逐渐融合的过程中得以体现的，而后通过将信息技术融入系统的管理层面，以此来提升电气自动化控制系统处理信息和处理业务的效率。为了提升处理信息的准确率，电气自动化控制系统加大了监控力度，不仅促进了网络技术的推行，还保障了电气自动化控制系统和各个设施的安全性。

二、电气自动化控制技术的发展特点

电气自动化控制技术是工业步入现代化的重要标志，是现代先进科学的核心技术。电气自动化控制技术可以大大降低人工劳动的强度，提高测量测试的准确性，增强信息传递的实时性，为生产过程提供技术支持，有效地避免安全事故的发生，保证设备的安全运行。经过几十年的发展，电气自动化控制技术在我国取得了卓越的成效。目前，我国已形成中低档的电气自动化产品以国内企业为主，高中档的电气自动化产品以国外企业为主；大中型项目依靠国外电气自动化产品，中小型项目选择国内电气自动化产品的市场格局。

为了弥补电气自动化控制技术的不足，当前我国在电气自动化控制技术的发展过程中，应该重视通过这一技术的应用来较好地完成工作任务，即提升任务的完成度。现阶段，社会上的众多行业已经通过利用和开发电气自动化控制技术得到了全方位的优化。如果能够在工厂中全面实施电气自动化控制技术，那么工厂就可以实现在无人照看的状况下处理问题、生产产品、监督生产过程等环节，大大节省了劳动力，有效地促进国民经济的发展。为了使电气自动化控制技术的发展更加多元化，我们应该站在长远发展的角度来促进电气自动化控制技术的发展。下面分析电气自动化控制技术的发展特点，具体内容如图 5-1 所示。

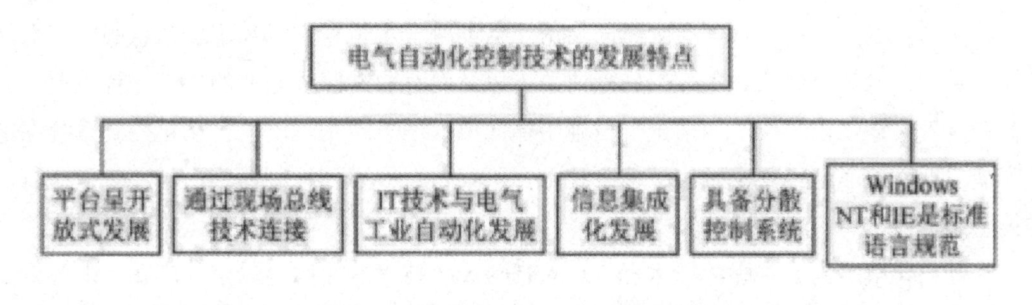

图 5–1　电气自动化控丬技术的发展特点

（一）平台呈开放式发展

计算机系统对电气自动化控制技术的发展产生了重要的影响，而后 Microsoft 的 Windows 平台的广泛应用，OPC 标准的产生（OLE for Process Control，是指用于过程控制的 OLE 工业标准）以及 IEC 61131 标准的颁布，促进了电气自动化技术与控制技术的有效融合，促进了电气自动化控制系统的开放式发展。

实际上，电气自动化控制系统开放式发展的主要推动力是编程接口的标准化，而编程接口的标准化取决于 IEC 61131 标准的广泛应用。IEC 61131 标准使全世界 2 000 余家 PLC 厂家、400 种 PLC 产品的编程接口趋于标准化，虽然使这些厂家和产品使用不同的编程语言和表达方式，但 IEC 61131 标准也能对它们的语义和语法做出明确的规定。由此，IEC 61131 标准成为国际化的标准，被各个电气自动化控制系统的生产厂家广泛应用。

目前，Windows 平台逐步成为控制工业自动化生产的标准平台，Internet Explore、Windows NT、Windows Embedded 等平台也逐渐成为控制工业自动化生产的标准语言、规范和平台。PC 和网络技术已经在企业管理和商业管理方面得到普及应用，基于 PC 的人机界面在电气自动化范畴中成为主流，越来越多的用户正在将 PC 作为电气自动化控制体系外化的基础。利用 Windows 平台作为操作电气自动化控制系统控制层的平台具备众多的优势，如简单集成自身与办公平台、方便维护运用等 .

（二）通过现场总线技术连接

现场总线技术是指将智能设备和自动化系统的分支架构进行串联的通信总线。该总线具有数字化、双向传输的特点。在实际的应用过程中，现场总线技术可以利用串行电缆，将现场的马达启动器、低压断路器、远程 I/O 站、智能仪表、变频器和中央控制室中的控制 / 监控软件、工业计算机、PLC 的 CPU 等设施相连接，并将现场设施的信息汇人中央控制器中。

（三)IT 技术与电气工业自动化发展

电气自动化控制技术的发展革命由 Internet 技术、PC、客户机 / 服务器体系结构和以太网技术引起。与此同时，广泛应用的电子商务、IT 平台与电气自动化控制技术的有效融合，也满足了市场的需要和信息技术渗透工业的要求。信息技术对工业世界的渗透包括两个独立的方面：第一，管理层的纵向渗透。借助融合了信息技术和市场信息的电气自动化控制系统，电气企业的业务数据处理体系可以及时存取现阶段企业的生产进程数据。第二，在电气自动化控制技术的系统、设施中横向融入信息技术。电气自动化控制系统在电气产品的不同层面已经高度融入了信息技术，不仅包含仪表和控制器，而且还包含执行器和传感器。

在自动化范畴内，多媒体技术和 Intranet/lnternet 技术的使用前景十分广阔。电气企业的管理层可以通过浏览器获取企业内部的人事、财务管理数据，还可以监控现阶段生产进程的动态场景。

对于电气自动化产品而言，电气自动化控制系统中应用视频处理技术和虚拟现实技术可以对其生产过程进行有效的控制，如设计实施维护体系和人机界面等，应用微处理和微电子技术可以促进信息技术的改革，使以往具备准确定义的设备界定变得含糊不清，如控制体系、PLC 和控制设施。这样一来，与电气自动化控制系统有关的软件、组态情境、软件结构、通信水平等方面的性能都能得到显著的提升。

（四）信息集成化发展

电气自动化控制系统的信息集成化发展主要表现在以下两个方面：

一方面是管理层次方面。具体表现在电气自动化控制系统能够对企业的人力、物力和财力进行合理的配置，可以及时了解各个部门的工作进度。电气自动化控制系统能够帮助企业管理者实现高效管理，在发生重大事故时可以及时做出相应的决策。

另一方面是电气自动化控制技术的信息集成化发展。具体表现为：第一，研发先进的电气设施和对所控制机器进行改良，先进的技术能够使电气企业生产的产品更快得到社会的认可；第二，技术方面的拓展延伸，如引入新兴的微电子处理技术，这使得技术与软件匹配，并趋于和谐统一。

（五）具备分散控制系统

分散控制系统是以微处理器为主，加上微机分散控制系统，全面融合先进的 CRT 技术、计算机技术和通信技术而成的一种新型的计算机控制系统。在电气自动化生产的过程中，分散控制系统利用多台计算机来控制各个回路。这一控制系统的优势在于能够集中获取数据，并且同时对这些数据进行集中管理和实施重点监控。

随着计算机技术和信息技术的飞速发展，分散控制系统变得网络化和多元化，并且不同型号的分散控制系统可以同时并入电气自动化控制系统中，彼此之间可以进行信息数据的交换，然后将不同分散控制系统的数据经过汇总后再并入互联网，与企业的管理系统连接起来。

分散控制系统的优点是，其控制功能可以分散在不同的计算机上，系统结构采取的是容错设计，即使将来出现某一台计算机瘫痪等故障，也不会影响整个系统的正常运行。如果采用特定的软件和专用的计算机，还能够提高电气自动化控制系统的稳定性。

分散控制系统的缺点是，系统模拟混合系统时会受到限制，从而导致系统仍然使用以往的传统仪表，使系统的可靠性降低，无法开展有效的维修工作；分散控制系统的价格较为昂贵；生产分散控制系统的厂家没有制定统一的标准，从而使维修的互换性受到影响。

（六）Windows NT 和 IE 是标准语言规范

电气自动化控制系统的标准语言规范是 Windows NT 和 IE。在使用的过程中采用人机界面进行操作，并且实现网络化，使电气自动化控制系统更加智能化与网络化，从而使其更容易维护和管理。标准语言规范的应用，能够使电气自动化控制系统更易于维护，从而促进系统的有效兼容，促进系统的不断发展。此外，电气自动化控制系统拥有显著的集成性和灵活性，大批量的用户已经开始接受和使用人机交互界面，将标准的体系语言运用在这一系统中，可以为维修、处理该系统提供方便与便利。

三、电气自动化控制技术发展原因分析

根据前文所述我们可以发现，电气自动化控制技术不断发展、其应用范围不断扩大是社会发展的必然结果。随着计算机技术和信息技术的快速发展，电气自动化控制技术逐渐融入计算机技术和信息技术之中，并将其运用于电气自动化设备，以促进电气自动化设备性能的完善。电气自动化控制技术与计算机技术和信息技术的融合，是电气自动化控制技

术逐步走向信息化的重要表现。实际上，电气自动化控制设备与电气自动化控制技术能够相结合的基础与前提是，计算机具备快速的反应能力，同时电气自动化设备具有较大的存储量。如此一来，这一技术及应用这一技术的系统形成了普遍的网络分布、智能的运作方式、快速的运行速度以及集成化的特征，电气自动化设备可以满足不同企业的不同的生产需求。

在电气自动化控制技术发展的初期，这一技术由于缺乏较强的应用价值，缺乏功能多样性，没能在社会生产中发挥出其应有的价值。后来，随着电气自动化控制技术的成熟、功能的丰富，这一技术逐渐被人们广泛地认可，其应用范围逐步扩大，为社会生产贡献了力量。

通过分析可以发现，电气自动化控制技术能够迅速发展并逐渐走向成熟主要有以下几点原因：第一，这一技术能够满足社会经济发展的需求；第二，这一技术能够借助智能控制技术、电子技术、网络技术和信息技术的发展来丰富自己，促使自己迅速发展；第三，由于电气自动化控制技术普遍应用于航空、医学、交通等领域，各高校为了顺应社会的发展，开设了电气自动化专业，培养了大量的优秀技术人员。正是由于以上原因，在我国经济快速发展的过程中，电气自动化控制技术获得了发展。

此外，我们还可以发现，电气自动化控制技术曾经发展困难的主要原因在于，工作人员的专业水平良莠不齐。对此，为了促进电气自动化控制技术的发展，相关的工作人员应该紧跟时代的发展步伐，积极学习电气自动化控制技术，并对电气自动化控制技术进行优化。

四、应用电气自动化控制技术的意义

电气自动化控制技术是顺应社会发展潮流而出现的，其可以促进经济发展，是现代化生产所必需的技术之一。在当今的电气企业中，为了扩大生产投入了大量的电气设施，这样不仅导致工作量巨大，而且导致工作过程十分复杂和烦琐。出于成本等方面的考虑，一般电气设备的工作周期很长、工作速度很快。为了确保电气设备的稳定、安全运行，同时为了促进电气企业的优质管理，电气企业应该有效地促进电气设备和电气自动化控制系统的融合，并充分发挥电气设备具备的优秀特性。

应用电气自动化控制技术的意义表现在以下三个方面：第一，电气自动化控制技术的应用实现了社会生产的信息化建设。信息技术的快速发展实现了电气自动化控制技术在各行各业的完美渗透，大力推动了电气自动化控制技术的发展。第二，电气自动化控制技术的应用使电气设备的使用、维护和检修更加方便快捷。利用 Windows 平台，电气自动化控制技术可以实现控制系统的故障自动检测与维护，提升了该系统的应用范围。第三，电气自动化控制技术的应用实现了分布式控制系统的广泛应用。通过连接系统实现了中央控制室、PLC、计算机、工业生产设备以及智能设备等设备的结合，并将工业生产体系中的各种设备与控制系统连接到中央控制系统中进行集中控制与科学管理，降低了生产事故的发生概率，并有效地提升了工业生产的效率，实现了工业生产的智能化和自动化管理。

五、应用电气自动化控制技术的建议

作者经过研究发现，大多数运用电气自动化控制技术的企业都是将电气自动化控制技术当作一种顺序控制器使用，这也是实际生活、生产中使用电气自动化控制技术的常见方法。例如，火力发电厂运用电气自动化控制技术可以有效地清理炉渣与飞灰。但是，在电气自动化控制技术被当作顺序控制器使用的情况下，如果控制系统无法有效地发挥自身的功能，电气设备的生产效率也会随之下降。对此，相关工作人员应该合理、有效地组建和设计电气自动化控制系统，以确保电气自动化控制技术可以在顺序控制中有效地发挥自身的效能。一般来说，电气自动化控制技术包含三个主要部分：一是远程控制；二是现场传感；三是主站层。以上部分紧密结合，缺一不可，为电气自动化控制技术顺序控制效能的充分发挥提供了保障。电气自动化控制技术在应用时应达到的目标是：虚拟继电器运行过程需要电气控制以可编程存储器的身份进行参与。通常情形下，继电器开始通断控制时，需要较长的反应时间，这意味着继电器难以在短路保护期间得到有效控制。对此，电气企业要实施有效的改善方法，如将自动切换系统和相关技术结合起来，从而提高电气自动化控制系统的运行速度，该方法体现了电气自动化控制技术在开关调控方面所发挥的应用效果。

根据前文分析可知，电气自动化控制技术得以发展的主要原因是，普遍运用 Windows 平台、OPC 标准、IEC 61131 标准等。与此同时，由于经济市场的需要，IT 技术与电气自动化控制技术的有效结合是大势所趋，且电子商务的发展进一步促进了电气自动化控制技术的发展，在此过程中，相关工作人员自身的专业性决定了电气自动化控制体系的集成性与智能性，并且它对操作电气自动化控制体系的工作人员提出了较高的专业要求。对此，电气企业必须加强对操作电气设备工作人员的培训，加深相关工作人员对电气自动化控制技术和系统的充分认识。与此同时，电气企业还要加强对安装电气设备的培训，使相关工作人员对电气设备的安装有所了解。此外，对于没有接触过新型电气自动化控制技术、新型电气设备的工作人员和电气企业而言，只有实行科学合理的培训才能够促进人员和企业的专业性发展。综上，电气企业必须重视提升工作人员的操作技术水准，确保每一位技术工作人员都掌握操控体系的软硬件，以及维修保养、具体技术要领等知识，以此来提高电气自动化控制系统的可靠性和安全性。

目前，我国电气自动化控制技术在应用方面存在较多问题，对此，人们应给予电气自动化足够的重视，加强电气自动化控制技术方面的研究，提高电气设备的生产率。为了达成有效应用电气自动化控制技术的目的，本书提出以下建议：

第一，要以电气工程的自动化控制要求为基本，加大技术研发力度，组织专业的专家和学者对各种各样的实践案例进行分析，总结电气工程自动化调控理论研究的成果，为电气自动化控制技术的应用提供明确的方向和思路。

第二，要对电气工程自动化的设计人员进行培训，举办专门的技术训练活动，鼓励设计人员努力学习电气自动化控制技术，从而使其可以根据实际需求情况，在电气自动化控制技术应用的过程中获得技术支持。

第三，要快速构建规范的电气自动化控制技术标准，使其在电气行业内起到标杆的作用，为电气自动化控制技术的信息化发展提供有力保障，从而确保统一、规范的行业技术应用。

第四，要实现电气自动化控制技术的使用企业与设计单位全面的信息交流沟通，以此来达到其设计或应用的电气自动化控制系统能够达到预定的目标。

第五，如果电气自动化控制系统的工作环境相对较差，有诸如电波干扰之类的影响，企业相关负责人要设置一些抗干扰装置，以此保障电气自动化控制系统的正常运行，从而使其功能得到最大的发挥。

六、电气自动化控制技术未来的发展方向

电气自动化控制技术目前的研究重点是，实现分散控制系统的有效应用，确保电气自动化控制体系中不同的智能模块能够单独工作，使整个体系具备信息化、外布式和开放化的分散结构。其中，信息化是指能够整体处理体系信息，与网络结合达到管控一体化和网络自动化的水平；外布式是一种能够确保网络中每个智能模块独立工作的网络，该结构能够达到分散系统危险的目的；开放化则是系统结构具有与外界的接口，实现系统与外界网络的连接。

在现代社会工业生产的过程中，电气自动化控制技术具备广阔的发展前景，逐渐成为工业生产过程中的核心技术。作者在研究与查阅大量文献资料后，将电气自动化控制技术未来的发展方向归纳为以下三个方面：第一，人工智能技术的快速发展促进了电气自动化控制技术的发展，在未来社会中，工业机器人必定会逐步转化为智能机器人，电气自动化控制技术必将全面提高智能化的控制质量；第二，电气自动化控制技术正在逐步向集成化方向发展，未来社会中，电气行业的发展方向必定是研发出具备稳定工作性能的、空间占用率较小的电气自动化控制体系；第三，电气自动化控制技术随着信息技术的快速发展正在迈向高速化发展道路，为了向国内的工业生产提供科学合理的技术扶持，工作人员应该研发出具备控制错误率较低、控制速度较快、工作性能稳定等特征的电气自动化控制体系。

相信以上做法的实现可以促进电气产品从“中国制造”向“中国创造”的转变，开创电气自动化控制技术的新的应用局面。在促进电气自动化控制技术创新的过程中，电气企业应该在维持自身产品价格竞争的同时，探索电气自动化控制技术科学、合理的发展路径，并将高新技术引入其中。此外，为了促进电气自动化控制技术的有效改革，电气企业应该根据国家、地区、行业和部门的实际要求，在达成全球化、现代化、国际化的进程中贯彻

落实科学发展观，通过全方位实施可持续发展战略，掌握科学发展观的精神实质和主要含义，归纳、总结应用电气自动化控制技术过程中的经验教训，协调自身的发展思路和观念，最后通过科学发展观的实际需求，使自身的行为举止和思维方式得到切实统一。

总的来说，电气自动化控制技术未来的发展方向包括以下几方面，具体分析如下：

（一）不断提高自主创新能力（智能化）

智能家电、智能手机、智能办公系统的出现大大方便了人们的日常生活。

据此可知，电气自动化控制技术的主要发展方向就是智能化。只有将智能化融入电气自动化控制技术中，才能够满足人们智能化生活的需求。根据市场的导向，研究人员要对电气自动化控制技术做出符合市场实际需求的改变和规划。另外，鉴于每个行业对电气自动化控制技术的要求不同，研究人员还需要随时调整电气自动化控制技术，使电气自动化控制技术根据不同的行业特征，达到提升生产效率、减少投资成本的功效，从而增加企业的经营利润。

随着人工智能技术的出现，电气自动化控制技术的应用范围更大。虽然现在很多电气生产企业都已经应用了电气自动化控制技术来代替员工工作，减少了用工人数，但在自动化生产线的运行过程中，仍有一部分工作需要人工来完成。若是结合人工智能来研发电气自动化控制系统，就可以再次降低企业对员工的需要，提高生产效率，解放劳动力。由此可见，电气自动化控制技术未来的发展一定是朝着智能化的方向发展。

对于电气自动化产品而言，因为越来越多的企业实施电气自动化控制，所以在市场中占据的份额越来越大。电气自动化产品的生产厂商如果优化自身的产品、创新生产技术，就可以获取巨大的经济效益。对此，电气自动化产品的生产厂商应该积极主动地研发、创新智能化的电气自动化产品，提升自身的创新水平；优化自身的体系维护工作，为企业提供强有力的保障，促进企业的全面发展。

（二）电气自动化企业加大人才要求（专业化）

要想促进电气行业的合理发展，电气企业应该加强对提升内部工作人员整体素养的重视，提高员工对电气自动化控制技术掌握的水平。为此，电气企业必须经常对员工进行培训，培训的重点内容即专业技术，以此来实现员工技能与企业实力的同步增长。随着电气行业的快速发展，电气人才的需求量缺口不断扩大。虽然高等院校不断加大电气自动化专业人才的培养力度，以填补市场专业型人才的巨大缺口，但实际上，因高校培养的电气自动化人才的素质有所欠缺，所以电气自动化专业毕业生就业难和电气自动化企业招聘难的“两难”问题依旧突出。对此，高校必须加强人才培养力度，培养专业的电气自动化人才。

针对电气自动化控制系统的安装和设计过程，电气企业要经常对技术人员进行培训，以此提高技术人员的素质。同时，要注意扩大培训规模，以使维修人员的操作技术更加娴熟，从而推动电气自动化控制技术朝着专业化的方向大步前进。此外，随着技术培训的不断增多，实际操作系统的工作人员的工作效率大大提升，培训流程的严格化、专业化还可以提高员工的维修和养护技术，加快员工今后排除故障、查明原因的速度。

（三）电气自动化控制平台逐渐统一（统一化和集成化）

1. 统一化发展

电气自动化控制技术在各个行业的实施和应用是通过计算机平台来实现的。这就要求计算机软件和硬件有确切的标准和规格，如果规格和标准不明确就会导致电气自动化控制系统和计算机软硬件出现问题，导致电气自动化系统无法正常运行。同样，如果发生计算机软硬件与电气自动化装置接口不统一的情况，就会使装置的启动、运行受到阻碍，从而无法发挥利用电气自动化设备调控生产的作用。因此，电气自动化装置的接口务必要与电气设备的接口相统一，这样才能发挥电气自动化控制系统的兼容性能。另外，我国针对电气自动化控制系统的软硬件还没有制定统一的标准，这就需要电气生产厂家与电气企业协同合作，在设备开发的过程中统一标准，使电气产品能够达到生产要求，提高工作效率。

2. 集成化发展

电气自动化控制技术除了朝着智能化方向发展外，还会朝着高度集成化的方向发展。近年来，全球范围内的科技水平都在迅速提高，很多新的科学技术不断与电气自动化控制技术相结合，为电气自动化控制技术的创新和发展提供了条件。未来电气自动化控制技术必将集成更多的科学技术，这不仅可以使其功能更丰富、安全性更高、适用范围更广，还可以大大缩小电气设备的占地面积，提高生产效率，降低企业的生产成本。与此同时，电气自动化控制技术朝着高度集成化的方向发展，对自动化制造业有极大的促进作用，可以缩短生产周期，并且有利于设备的统一养护和维修，有利于实现控制系统的独立化发展。

综上所述，未来电气自动化控制技术必然会朝着统一化、集成化的方向发展，这样能够减少生产时间，降低生产成本，提高劳动力的生产效率。当然，为了使电气自动化控制平台能够朝着统一化、集成化的方向发展，电气企业需要根据客户的需求，在开发时采用统一的代码。

（四）电气自动化技术层次的突破（创新化）

随着电气自动化控制技术的不断进步，电气工程也在迅猛发展，技术环境也日益开放，设备接口也朝着标准化的方向飞速前进。实际上，以上改变对企业之间的信息交流沟通有极大的促进作用，方便了不同企业间进行信息数据的交换活动，克服了通信方面存在的一些障碍。通过对我国电气自动化控制技术的发展现状分析可知，未来我国电气自动化控制技术的水平会不断提高，并达到国际先进水平，逐渐提高我国电气自动化控制技术的国际知名度，提升我国的经济效益。

虽然现在我国电气自动化控制技术的发展速度很快，但与发达国家相比还有一定的差距，我国电气自动化控制技术距离完全成熟阶段还有一段距离，具体表现为信息无法共享，致使电气自动化控制技术应有的功能不能完全发挥出来，而数据的共享需要依靠网络来实现，但是我国电气企业的网络环境还不完善。不仅如此，由于电气自动化控制体系需要共享的数据量很大，若没有网络的支持，当数据库出现故障时，就会致使整个系统停止运转。为了避免这种情况的发生，加大网络的支持力度显得尤为重要。

当前，技术市场越来越开放，面对越来越激烈的行业竞争，各个企业为了适应市场变化，不断加大对电气自动化控制技术的创新力度，注重自主研发自动化控制系统，同时特别注重培养创新型人才，并取得了一定的成绩。实际上，企业在增强自身综合竞争力的同时，也在不断促进电气自动化控制技术的发展和创新，还为电气工程的持续发展提供了技术层次上的支撑和智力层次上的保障。由此可见，电气自动化控制技术未来的发展方向必然包括电气自动化技术层面的创新，即创新化发展。

（五）不断提高电气自动化技术的安全性（安全化）

电气自动化控制技术要想快速、健康的发展，不仅需要网络的支持，还需要安全方面的保障。如今，电气自动化企业越来越多，大多数安全意识较强的企业会选择使用安全系数较高的电气自动化产品，这也促使相关的生产厂商开始重视产品的安全性。现在，我国工业经济正处于转型的关键时期，而新型的工业化发展道路是建立在越来越成熟的电气自动化控制技术的基础上的。换言之，电气自动化控制技术趋于安全化才能更好地实现其促进经济发展的功能。为了实现这一目标，研究人员可以通过科学分析电力市场的发展趋势，逐渐降低电气自动化控制技术的市场风险，防患于未然。

此外，由于电气自动化产品在人们的日常生活中越来越普及，电气企业确保电气自动化产品的安全性，避免任何意外的发生，保证整个电气自动化控制体系的正常运行。

（六）逐步开放化发展（开放化）

随着科学技术的不断发展和进步，研究人员逐渐将计算机技术融入电气自动化控制技术中，这大大加快了电气自动化控制技术的开放化发展。在现实生活中，许多企业在内部的运营管理中也运用了电气自动化控制技术，主要表现在对 ERP 系统的集成管理概念的推广和实施上。[①]ERP 系统是企业资源计划（Enterprise Resource Planning）的简称，是指建立在信息技术基础上，集信息技术与先进管理思想于一身，以系统化的管理思想，为企业员工及决策层提供决策手段的管理平台。一方面，企业内部的一些管理控制系统可以将 ERP 系统与电气自动化控制系统相结合后使用，以此促进管理控制系统更加快速、有效地获得所需数据，为企业提供更为优质的管理服务；另一方面，ERP 系统的使用能够使传输速率平稳增加，使部门间的交流畅通无阻，使工作效率明显提高。由此可见，电气自动化控制技术结合网络技术、多媒体技术后，会朝着更为开放化的方向发展，使更多类型的自动化调控功能得以实现。

① 范国伟，刘一帆．电气控制与 PLC 应用技术 [M]. 北京：人民邮电出版社，2013.

第二节　电气自动化节能技术的应用

一、电气自动化节能技术概述

作为电气自动专业的新兴技术，电气自动化节能技术不断发展，已经与人们的日常生活及工业生产密切相关。它的出现不但使企业运行成本降低、工作效率提升，还使劳动人员的劳动条件和劳动生产率得以改善。近年来，“节能环保”逐渐被提上日程。根据世界未来经济发展的趋势可知，要想掌控世界经济的未来，就要掌握有关节能的高新产业技术。对于电气自动化系统来说，随着城市电网的逐步扩展，电力持续增容，整流器、变频器等使用频率越来越高，这会产生很多谐波，使电网的安全受到威胁。要想清除谐波，就要以节能为出发点，从降低电路的传输消耗、补偿无功，选择优质的变压器使用有源滤波器等方面入手，从而使电气自动化控制系统实现节能的目的。基于此，电气自动化节能技术应运而生。

二、电气自动化节能技术的应用设计

电气设备的合理设计是电力工程实现节能目的的前提条件，优质的规划设计为电力工程今后的节能工作打下了坚实的基础。为使读者对电气自动化节能技术有更加深入的了解，下面具体阐述其应用设计：

1. 为优化配电的设计

在电气工程中，许多装置都需要电力来驱动，电力系统就是电气工程顺利实施的动力保障。因此，电力系统首先要满足用电装置对负荷容量的要求，并且提供安全、稳定的供电设备以及相应的调控方式。在配电时，电气设备和用电设备不仅要达到既定的规划目标，而且要有可靠、灵活、易控、稳妥、高效的电力保障系统，还要考虑配电规划中电力系统的安全性和稳定性。

此外，要想设计安全的电气系统，首先，要使用绝缘性能较好的导线，施工时还要确保每个导线间有一定的绝缘间距；其次，要保障导线的热稳定、负荷能力和动态稳定性，使电气系统使用期间的配电装置及用电设备能够安全运行；最后，电气系统还要安装防雷装置及接地装置。

2. 为提高运行效率的设计

选取电气自动化控制系统的设备时，应尽量选择节能设备，电气系统的节能工作要从工程的设计初期做起。此外，为了实现电气系统的节能作用，可以采取减少电路损耗、补偿无功、均衡负荷等方法。例如，配电时通过设定科学合理的设计系数实现负荷量的适当。

组配及使用电气系统时，通过采用以上方法，可以有效地提升设备的运行效率及电源的综合利用率，从而直接或者间接地降低耗电量。

三、电气系统中的电气自动化节能技术

（一）降低电能的传输消耗

功率损耗是由导线传输电流时因电阻而导致损失功耗。导线传输的电流是不变的，如果要减少电流在线路传输时的消耗，就要减少导线的电阻。导线的电阻与导线的长度成正比，与导线的横截面积则成反比，具体公式如下：

$$R=\rho\frac{L}{S}$$

式中：

R——导线的电阻，其单位是 Ω；

ρ——电阻率，其单位是 Ω · m；

L——导线的长度，其单位是 m；

S——导线的横截面积，其单位是 m^2。

由式（2—1）可知，要想使导线的电阻 R 减小，可以有以下几种方法：第一，在选取导线时选择电阻率较小的材质，这样就能有效地减少电能的电路损耗；第二，在进行线路布置时，导线要尽量走直线而避免过多的曲折路径，从而缩短导线的长度 L；第三，变压器安装在负荷中心附近，从而缩短供电的距离；第四，加大导线的横截面积，即选用横截面积 S 较大的导线来减小电阻 R，从而达到节能的目的。

（二）选取变压器

在电气自动化节能技术中选择合适的变压器至关重要。一般来说，变压器的选择需要满足以下要求。第一，变压器是节能型产品，这样变压器的有功功率的耗损才会降低；第二，为了使三相电的电流在使用中要保持平稳，就需要变压器减少自身的耗损。为了使三相电的电流保持平稳，经常会采用以下手段：单相自动补偿设备、三相四线制的供电方式、将单相用电设备对应连接在三相电源上等。

（三）无功补偿

无功功率是指在具有电抗的交流电路中，电场或磁场在一周期的一部分时间内从电源吸收能量，另一部分时间则释放能量，在整个周期内平均功率是 0，但能量在电源和电抗元件（电容、电感）之间不停地交换。交换率的最大值即为无功功率。有功功率 P、无功功率 Q、视在功率 S 的计算公式分别如下：

$$P=IU\cos\varphi \quad (2\text{-}2)$$

$$Q=IU\sin\varphi \quad (2\text{-}3)$$

$P^2+Q^2=S^2$（2-4）

式中，

I——电流，其单位为 A；

U——电压，其单位为 V；

φ——电压与电流之间的夹角，其单位为；

P——无功功率，其单位为 Var；

cos——功率因数，即有功功率 P 与视在功率 S 的比值。

由于无功功率在电力系统的供配电装置中占有很大的一部分容量，导致线路的耗损增大，电网的电压不足，从而使电网的经济运行及电能质量受到损害。对于普通用户来说，功率因数较低是无功功率的直接呈现方式，如果功率因数低于 0.9，供电部门就会向用户收取相应的罚金，这就会造成用户的用电成本增加，从而损害经济利益。如果使用合适的无功补偿设备，那么就可以实现无功就地平衡，提高功率因数。这样一来，就可以达到提升电能品质、稳定系统电压、减少消耗等目标，进而提高社会效益和经济利润。例如，在受导电抗的作用下，电机会发出的交流电压和交流电流不为零，导致电器不能全部接收电机所发出的电能，在电器和电机之间不能被接收的电能进行来回流动而得不到释放。又因为电容器产生的是超前的无功，所以无功率的电能与使用的电容器补偿之间能进行相互消除。①

综上所述，这三种方式是电气系统中的电气自动化节能技术的应用及其原理，可以达到节省能源、减少能耗的目的。

第三节　电气自动化监控技术的应用

一、电气自动化监控系统的基本组成

将各类检测、监控与保护装置结合并统一后就构成了电气自动化监控系统。目前，我国很多电厂的监控系统多采用传统、落后的电气监控体系，自动化水平较低，不能同时监控多台设备，不能满足电厂监控的实际需要。基于此，电气自动化监控技术应运而生，这一技术的出现很好地弥补了传统监控系统的不足。下面具体阐述电气自动化监控系统的基本组成。

（一）间隔层

在电气自动化监控系统的间隔层中，各种设备在运行时常常被分层间隔，并且在开关层中还安装了监控部件和保护组件。这样一来，设备间的相互影响就可以降到最低，很好

① 孙秋野．电力系统分析 [M]．北京：人民邮电出版社，2012.

地保护了设备运行的独立性。而且，电气自动化监控系统的间隔层减少了二次接线的用量，这样做不仅降低了设备维护的次数，还节省了很多资金。

（二）过程层

电气自动化监控系统的过程层主要是由通信设备、中继器、交换装置等部件构成的。过程层可以依靠网络通信实现各个设备间的信息传输，为站内信息进行共享提供极好的条件。

（三）站控层

电气自动化监控系统的站控层主要采用分布开发结构，其主要功能是独立监控电厂的设备。站控层是发挥电气自动化监控技术监控功能的主要组成部分。

二、应用电气自动化监控技术的意义

（一）市场经济意义

电气自动化企业采用电气自动化监控技术可以显著地提升设备的利用率，加强市场与电气自动化企业间的联系，推动电气自动化企业的发展。从经济利益方面来说，电气自动化监控技术的出现和发展，极大地改变了电气自动化企业传统的经营和管理方式，提高了电气自动化企业对生产状况的监控方式和水平，使多种成本资源的利用更加合理。应用电气自动化监控技术不仅提升了资源利用率，还促进了电气自动化企业的现代化发展，从而使企业达成社会效益和企业经济效益的双赢。

（二）生产能力意义

电气自动化企业的实际生产需要运用多门学科的知识，而要切实提高生产力，离不开先进科技的大力支持。将电气自动化监控技术应用到电气自动化企业的实际运营中，不仅降低了工人的劳动强度，而且还提高了企业整体的运行效率，避免了由于问题发现不及时而造成的问题。与此同时，随着电气自动化监控技术的应用，电气自动化企业劳动力减少，对于新科技、科研方面的投资力度加大，使电气自动化企业整体形成了良性循环，推动电气自动化企业整体进步。对此，需要注意的是，企业的管理人员必须了解电气自动化监控技术的实际应用情况，对电厂的发展做出科学的规划，以此来体现电气自动化监控技术的向导作用。

三、电气自动化监控技术在电厂的实际应用

（一）自动化监控模式

目前，电厂中经常使用的自动化监控模式分为两种：一是分层分布式监控模式，二是集中式监控模式。

分层分布式监控模式的操作方式为：电气自动化监控系统的间隔层中使用电气装置实施阻隔分离，并且在设备外部装配了保护和监控设备；电气自动化监控系统的网络通信层配备了光纤等装置，用来收取主要的基本信息，在信息分析时要坚决依照相关程序进行规约变换，最后把信息所含有的指令传送出去，此时电气自动化监控系统的站控层负责对过程层和间隔层的运作进行管理。

集中式监控模式是指电气自动化监控系统对电厂内的全部设备实行统一管理，其主要方式是：利用电气自动化监控把较强的信号转化为较弱的信号，再把信号通过电缆输入终端管理系统，使构成电气自动化监控系统具有分布式的特征，从而实现对全厂进行及时监控。

（二）关键技术

1. 网络通信技术

应用网络通信技术主要通过光缆或者光纤来实现，另外还可以借助利用现场总线技术实现通信。虽然这种技术具备较强的通信能力，但是它会对电厂的监控造成影响，并且限制电气自动化监控系统的有序运作，不利于自动监控目标的实现。但实际上，如今还有很多电厂仍在应用这种技术。

2. 监控主站技术

这一技术一般应用于管理过程和设备监控中。应用这一技术能够对各种装置进行合理的监控和管理，能够及时发现装置运行过程中存在的问题和需要改善的地方。针对主站配置来说，需要依据发电机的实际容量来确定，不管发电机是哪种类型的，都会对主站配置产生影响。

3. 终端监控技术

终端监控技术主要是应用在电气自动化监控系统的间隔层中，它的作用是对设备进行检测和保护。当电气自动化监控系统检验设备时，借助终端监控技术不仅能够确保电厂的安全运行，还能够提升电厂的可靠性和稳定性。这一技术在电厂的电气自动化监控系统中具有非常重要的作用，随着电厂的持续发展，这一技术将被不断被完善，不仅要适应电厂进步的要求，还要增加自身的灵活性和可靠性。

4. 电气自动化相关技术

电气自动化相关技术经常被用于电厂的技术开发中，这一技术的应用可以减少工作人员在工作时因为各种疏忽而出现的严重失误。要想对这一技术进行持续的完善和提高，主要从以下几个方面开展：

第一，监控系统。初步配置电气自动化监控系统的电源时，要使用直流电源和交流电源，而且两种电源缺一不可。如果电气自动化监控系统需要放置于外部环境中，则要将对应的自动化设备调节到双电源的模式，此外需要依照国家的相关规定和标准进行电气自动化监控系统的装配，以此确保电气自动化监控系统中所有设备能够运行。

第二，确保开关端口与所要交换信息的内容相对应。绝大多数电厂通常会在电气自动化监控系统使用固定的开关接口，因此，设备需要在正常运行的过程中所有开关接口能够与对应信息相符。这样一来，整个电气自动化监控系统设计就变得十分简单，即使以后线路出现故障，也可以很方便地进行维修。但是，这种设计会使用大量的线路，给整个电气自动化监控系统制造很大的负担，如果不能快速调节就会降低系统的准确性。此外，电厂应用时要对自应监控系统与自动化监控系统间的关系进行确定，分清主次关系，坚持以自动化监控系统为主的准则，使电厂的监控体系形成链式结构。

第三，准确运用分析数据。在使用自动化系统的过程中，需要运用数据信息对对应的事故和时间进行分析。但是，由于使用不同电机，产生的影响会存在一定的差异，最终的数据信息内容会欠缺准确性和针对性，无法有效地反映实际、客观状况的影响。

第六章　自动控制系统及其应用

随着现代科学技术的飞速发展，作为一门综合性技术的自动化控制技术的发展越来越迅速，并广泛应用于各个领域。自动化控制技术是指在没有人员参与的情况下，通过使用特殊的控制装置，使被控制的对象或者过程自行按照预定的规律运行的一门技术。自动化控制技术以数学理论知识为基础，利用反馈原理来自觉作用于动态系统，使输出值接近或者达到人们的预定值。

自动控制系统的大量应用不仅提高了工作效率，而且还提高了工作质量，改善了相关从业人员的工作环境。下面将对自动控制系统的相关内容及其应用进行系统地阐述。

第一节　自动控制系统概述

本书所讲的自动控制系统是指应用自动控制设备，使设备自动生产的一整套流程。在实际生产中，自动控制系统会设置一些重要参数，这些参数会受到一些因素的影响并发生改变，从而使生产脱离了正常模式。这时就需要自动控制装置发挥作用，使改变的参数回归正常数值。此外，许多工艺生产设备具有连续性，如果其中有一个装置发生了改变，都会导致其他装置设定的参数发生或大或小的改变，使正常的工艺生产流程受到影响。需要注意的是，这里所说的自动控制系统的自动调节不涉及人为因素。

我国自动控制系统经过几十年的持续发展已经取得了很大的进步。特别是 20 世纪 90 年代后，我国工业自动控制系统装置制造行业的销售规模一直在 20% 以上。2018 年我国工业自动控制系统装置的成果令人夺目，整年工业总产值达到 4 000 亿元，工业自动化设备产量的增速为 3.8%。与此同时，国产自动控制系统在炼油、化肥、火电等领域都取得了可喜的成绩。

我国自动化市场的主体主要有商品分销商、系统集成商、软硬件制造商。在自动化软硬件产品领域，中高端市场一直被国外的知名品牌垄断；在系统集成领域，大型跨国公司霸占了高端市场，自动化行业的系统集成业务都被有着深厚行业背景的公司所掌控，系统集成企业之间的行业竞争激烈；在产品分销领域，大型跨国公司的重要分销商是行业内的领先者。随着自动化控制行业间竞争的加剧，规模较大的生产自动控制系统装置的企业间多次进行资产并购，也有一部分工业自动控制系统制造企业越发地注重对本行业市场进行分析，尤其是针对购买产品的客户和产业发展的境况进行探究。换言之，我国工业自动控制系统制造企业正在努力发展自身，并逐步缩小与国外企业的差距。

自动控制系统常因行业不同而存在差异，甚至是同一行业中的用户也会因为各自工艺的不同而导致需要有很大差异。并且客户需要的通常是全面整体的自动控制系统，而供应商提供的是各类标准化的部件。这种供应与需求间的错位关系，使工业自动化的发展前景十分广阔。2015—2020 年我国自动化生产线供需数量如图 6-1 所示。由图 6-1 可知，随着未来我国自动控制系统的行业核心技术的进一步提升，国内自动控制系统行业仍具有巨大的成长空间。

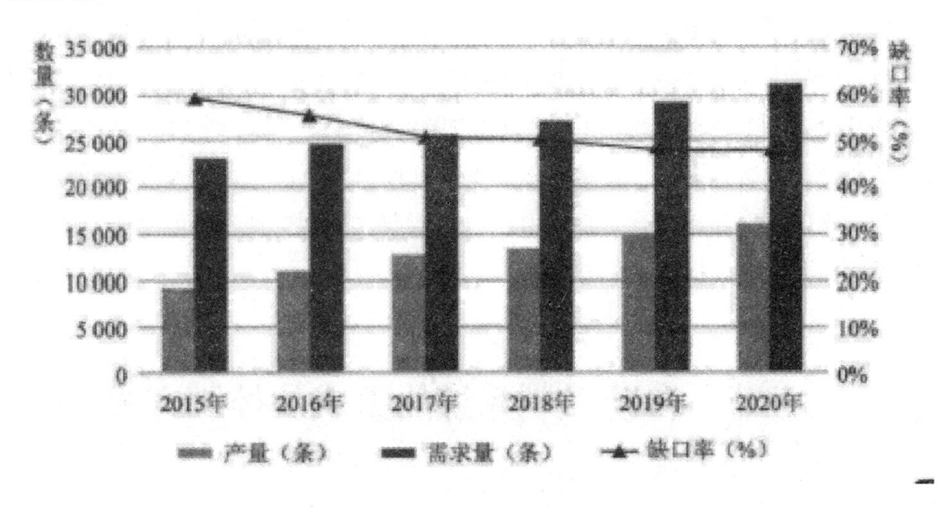

图 6–1　2015—2020 年我国自动化生产线供需数量

相关研究表明，世界上规模最大的工业自动控制系统装置在中国市场。① 工业自动控制系统大多用于工业技术改革、工厂的机械自动化、企业信息化等方面，市场前景广阔。而网络化、智能化、集成化都是工业自动控制系统的发展动向。

实际上，人类社会的各个领域都有自动控制系统的影子。在工业领域，机械制造、化工、冶金等生产过程中的各种物理量，如速率、厚度、压力、流量、张力，温度、位置、相位、频率等方面都有对应的控制程序；有时人们会运用数字计算机进行生产数控操作，从而更好地控制生产过程，并使生产过程具备较高程度的自动化水平；还建立了同时具有管理与控制双重功能的自动操作程序。在农业领域，自动控制系统主要应用于农业机械自动化及水位的自动调节方面。在军事技术领域，各型号的伺服系统、制导与控制系统、火力控制系统等都应用了自动控制系统。在航海、航空、航天领域，自动控制系统不仅应用于各种控制系统中，还在遥控方面、导航方面及仿真器方面都有突出表现。除此之外，自动控制系统在交通管理、图书管理、办公自动化、日常家务这些领域都有实际应用。随着控制技术及控制理论的进一步发展，自动控制系统涉及的领域会越来越广泛，其范围也会扩展到医学、生态、生物、社会、经济等方面。这也进一步说明了自动控制系统的发展前景十分

① 天津电气传动设计研究所. 电气传动自动化技术手册（第 3 版）[M]. 北京，北京工业出版社，2018.

广阔，值得人们对此进行研究和开发。

由上可知，由于自动控制系统具有良好的发展前景，相应的，该行业也需要更多的专业人才。以电气工程及其自动化专业为例，该专业是一个很受广大学生喜爱的专业，因此与其他专业相比，它的高考分数线相对比较高。造成这一现象的关键因素是：①这一专业在就业环境、收入和就业难易的程度上都比其他专业占优势；②这一专业的名称高端，可以激发学生选择的兴趣；③这一专业的社会关注度非常高；④这一专业的研究内容向现实产品转换比较容易，且产生的效益也非常高，有非常好的发展前景。由此可见，这一专业具有创造性的研究思路，是发挥、展现个人能力的良好就业方向。这一专业是一个“宽口径”专业，专业人才要想更好地适应这一专业，就需要学习必要的学科知识。对于专业人才而言，学习电气工程及其自动化专业的基础是学好电力网继电保护理论和控制理论，以及能够支持其研究的主要手段就是电子技术、计算机技术等，这一专业涵盖了以下几个研究领域：系统设计、系统分析、系统开发、系统管理与决策等。这一专业还具有电工电子技术相结合、软件与硬件相结合、强弱电结合的特点，具有交叉学科的性质，是一门涉及电力、电子、控制、计算机等诸多学科的综合学科。

第二节　自动控制系统的组成及控制方式

一、自动控制系统的组成及常见名词术语

（一）自动控制系统的组成

由于具体用处和被控制对象的不同，自动控制系统产生了多样化的构造。根据工作原理，许多功能不同的基本元件构成了自动控制系统。自动控制系统比较常见的功能框也叫方框图，其示意图如图 6-2 所示。图 6-2 中的各个方框表示的是有着特别作用的各个元件。[①]由图 3-2 可知，放大元件、比较元件、反馈元件、执行元件、校正元件及被控制对象构成了一个完整的自动控制系统。一般来说，我们把被控对象以外的全部元件进行组合，称其为控制器。[②]

① 戴冠秀，刘太湖，巩敦卫，等．PLC 在运料小车自动控制系统中的应用 [J]．工矿自动化，2005（6）：57—59．

② 殷翠萍 .PLC 自动控制系统在水厂中的应用 [J]. 测控技术，2005 (10): 36—39, 46.

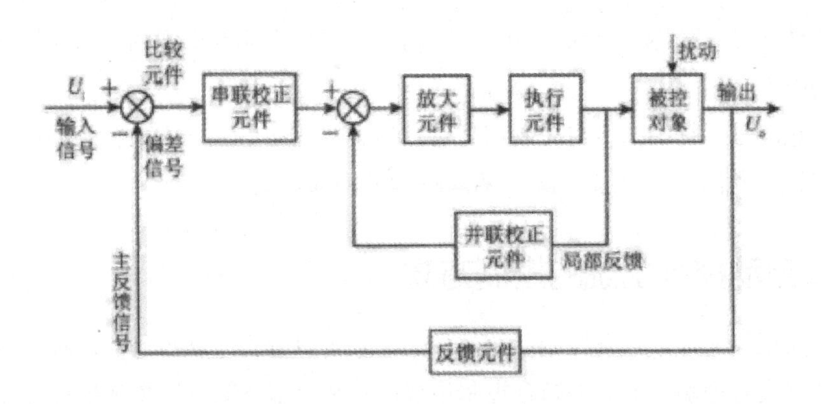

图 6–2　典型自动控制系统的功能框图

图 6-2 中各元件的功能如下。

（1）反馈元件：用以测量被控量并将其转换成与输入量相同的物理量后，再反馈到输入端以进行比较。

（2）比较元件。用来比较输入信号与反馈信号，并产生反映两者差值的偏差信号。

（3）放大元件：将微弱的信号做线性放大。

（4）校正元件：按某种函数规律变换控制信号，以改善系统的动态品质或静态性能。

（5）执行元件：根据偏差信号的性质执行相应的控制作用，以便使被控量按期望值进行变化。

（6）被控对象。生产过程中需要进行控制的工作机械或生产过程。

（二）自动控制系统中常见的名词术语

（1）自动控制系统：把自动控制设备和被控对象按照某种方法进行连接，能够对某种任务进行自动控制的整体组合。

（2）给定值：是系统输入信号，又称“参考输入”，此指令信号主要用于掌控输出量变化规律。

（3）被控量：是系统输出信号，是指在系统被控对象中要求遵循某些变化规律的物理量，它与输入量之间要保持一定的函数关系。

（4）反馈信号：由系统（或元件）输出端取出，并反向送回系统（或元件）输入端的信号。反馈信号分为主反馈信号和局部反馈信号。①

（5）偏差信号：是给定值与主反馈信号之差。

（6）误差信号：其实质是从输入端定义的期望值与实际值之差，在单位反馈的情形下误差值也就是偏差值，两者具有相等关系。

（7）控制信号：使被控量逐渐趋于给定值的一种作用，该作用有助于消除系统中的偏差。

① 冯锡嘉 . 浅谈“调节”和“控制”这两个名词术语 [J]. 工业仪表与自动化装置．1982 (06)：17—18, 44.

（8）扰动信号：简称“抗动”“干扰”，是一种人们不期望出现的、对系统输出规律有不利影响的因素。

需要注意的是，扰动信号与控制信号背道而驰。扰动信号既可来自系统外部，又可来自系统内部，前者称为“外部扰动”，后者称为“内部扰动”。

二、自动控制系统的控制方式

按照有无反馈元件，自动控制系统的控制方式可以分为开环控制、闭环控制和复合控制。为了便于读者理解，下面将结合控制系统简图和控制系统方框图来进行分类讨论。

（一）开环控制方式

控制装置与被控对象之间只有顺向作用，没有反向联系的控制方式就是开环控制，其对应的控制系统就是开环控制系统。下面以电动机转速控制系统为例来阐述开环控制方式，其控制系统简图如图 6-3 所示，其控制系统方框图如图 6-4 所示。

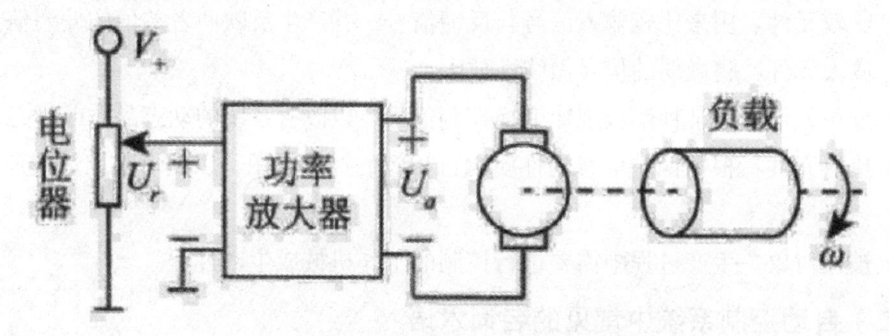

图 6-3　电动机转速开环控制系统简图

注：图中电动机是直流电动机，其作用是以一定的转速转动从而带动负载。

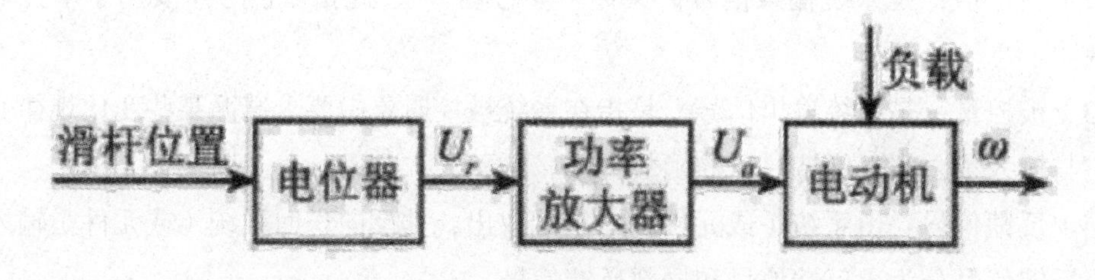

图 6-4　电动机转速开环控制系统方框图

由图 6-3 可知，电动机输入量是给定电压 Ur，被控量是电动机转速 ω。通过改变电位器上电刷的位置，即通过改变其接入电路中的电阻值，可以得到不同的给定电压 Ur 和电枢电压 Ua，从而控制转速 ω。结合图 6-4 来分析这一过程可知：当负载转矩不变时，给定电压 Ur 会与电动机转速 ω 呈正相关，由此，我们可以通过改变电位器接入电路的电阻值来改变给定电压 Ur 和电枢电压 Ua，从而达到控制电动机转速 ω 的目的。在此过程中，一旦出现扰动信号，如负载转矩增加（减少），电动机转速会随之降低（增加）。从而偏离给定值。要想保持电动机转速 ω 不变，工作人员需要校正精度，即调节电位器电刷的位置，以提高（降低）给定电压 Ur，从而使电动机转速 ω 恢复到一开始设定的给定值。[①]

总的来说，开环控制方式的特点是，电路中只能单向传递控制作用，即其作用路径不是闭合的。这一特点可以通过图 6-4 看出，图中的控制信息只能由左至右从输入端沿箭头方向传向输出端。正因为如此，在开环控制系统中，只要给定一个输入量就会产生一个相对应的被控量，其控制精度完全取决于信息传递过程中电路元件性能的优劣和工作人员校正精度的高低。此外，根据开环控制方式的特点可知，开环控制系统不具备自动修正被控量偏差的能力，因而其抗干扰能力差。但是，由于开环控制方式具备结构简单、调整方便、成本低等优势，其被广泛应用于社会各个领域，如自动售货机、产品自动生产线及交通指挥红绿灯转换等。[②]

（二）闭环控制方式

控制装置与被控对象之间既有顺向作用，又有反向联系的控制方式就是闭环控制，其对应的控制系统就是闭环控制系统。为了便于读者理解，下面仍以电动机转速控制系统为例来阐述闭环控制方式，其控制系统简图如图 6-5 所示，其控制系统方框图如图 6-6 所示。

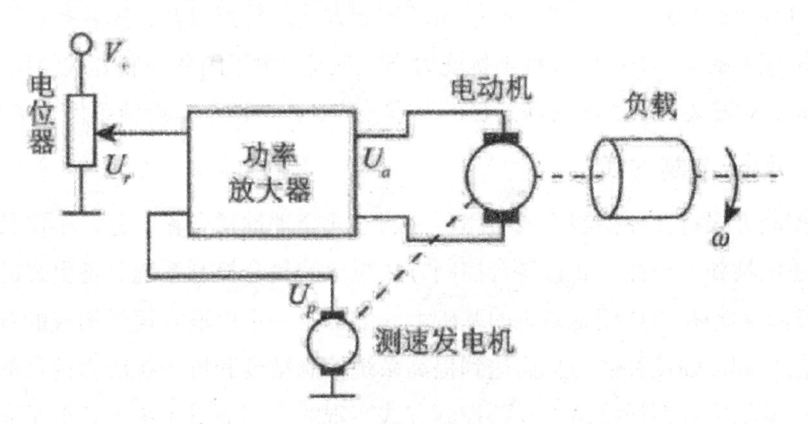

图 6–5　电动机转速闭环控制系统简图

注：图中电动机是直流电动机，其作用是以一定的转速转动从而带动负载。

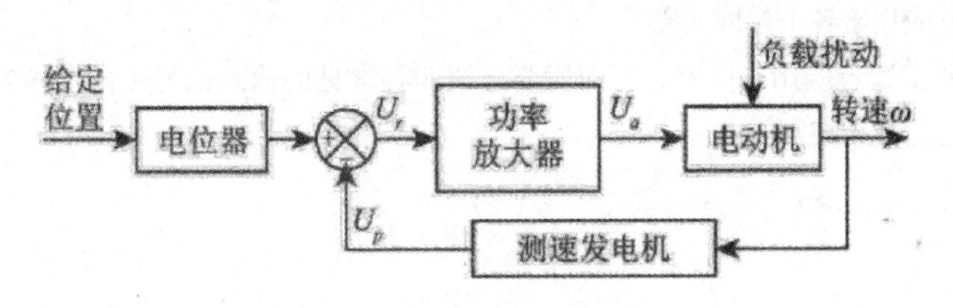

图 6–6　电动机转速闭环控制系统方框图

① 陈柯 . 浅析自动控制与自动控制系统 [J]. 科学咨询：科技管理，2010 (06)：75—76.
② 张敏．开环与闭环控制系统优缺点浅析 [J]. 科技与企业，2014 (17)：118.

由图 6-5 可知，这一系统是在图 6-3 的基础上，增加了一个由测速发电机构成的反馈回路，以此检测最终输出的转速，同时给出与转速成正比的反馈电压。代表实际输出转速的反馈电压与代表希望输出转速的给定电压相减可以得出一个差值，即偏差信号。这是实现转速控制作用的基础，这一过程的作用原理被称为“偏差控制”。由此可见，除非偏差不存在，否则控制作用会一直存在。而闭环控制系统的目的就是减小这一偏差，从而提高控制系统的控制精度。①

由图 6-6 可知，闭环控制系统实现转速自动调节的过程为：当系统受到扰动影响导致负载增大时，电动机的转速∞会降低，测速发电机端的电压就会减小，且在给定电压 Ur 不变时，如果偏差电压 Up 会增加，则电动机的电枢电压 Ua 会上升，从而导致电动机的转速增加；当系统受到扰动影响导致负载减小时，电动机转速调节的过程则与上述过程变化相反，最终导致电动机的转速 ω 降低。根据以上调节过程可知，闭环控制系统抑制了负载扰动对电动机转速 ω 的影响 . 同样，对其他扰动因素，只要影响到输出转速 ω 的变化，上述调节过程会自动进行调节，从而提高了该系统的抗干扰能力。

总的来说，闭环控制方式的特点是，由系统的偏差信号而非给定电压来实现对系统被控量的控制，而系统被控量的反馈信息又反过来影响这一偏差信号，使整个电路形成闭环，从而实现自动控制的目的。此外，根据闭环控制方式的特点可知，闭环控制系统具备自动修复被控量偏差的能力，因而其抗干扰能力强。但是，由于闭环控制方式使用的元件较多、线路较复杂，对安装调试的场所和人员的要求较高，其常用于对设施条件要求较高的场所。

（三）复合控制方式

复合控制方式将开环控制方式与闭环控制方式合理地糅合在一起，不仅具有更广泛的应用性、适应性和经济性，而且复合控制方式组成的复合控制系统具备更强的综合性。复合控制系统实际是在闭环控制系统的基础上，增加了一个由输入信号构成的顺馈通路，以实现对该信号的加强或补偿，从而达到提高系统控制精度和抗干扰能力的目的。需要强调的是，这一新增的顺馈通路是以开环控制方式实现的，因而对系统中各电子元件的稳定性有较高的要求。若电子元件的稳定性不能达到其要求，则会降低其补偿效果。

总的来说，复合控制方式由于既具备开环控制方式的优点，又具备闭环控制方式的优点，被广泛应用于各个领域。②

为了便于读者应用或借鉴，下面简要介绍四种常见的输入信号（如图 6-7 所示），以及两种常见的复合控制方式。

① 陈柯 . 浅析自动控制与自动控制系统 [J]. 科学咨询：科技管理，2010 (06)：75—76.

② 朱慧妍，罗丽宾. 机电控制系统的分析与故障诊断 [J]. 内江科技，2012(5)：66.

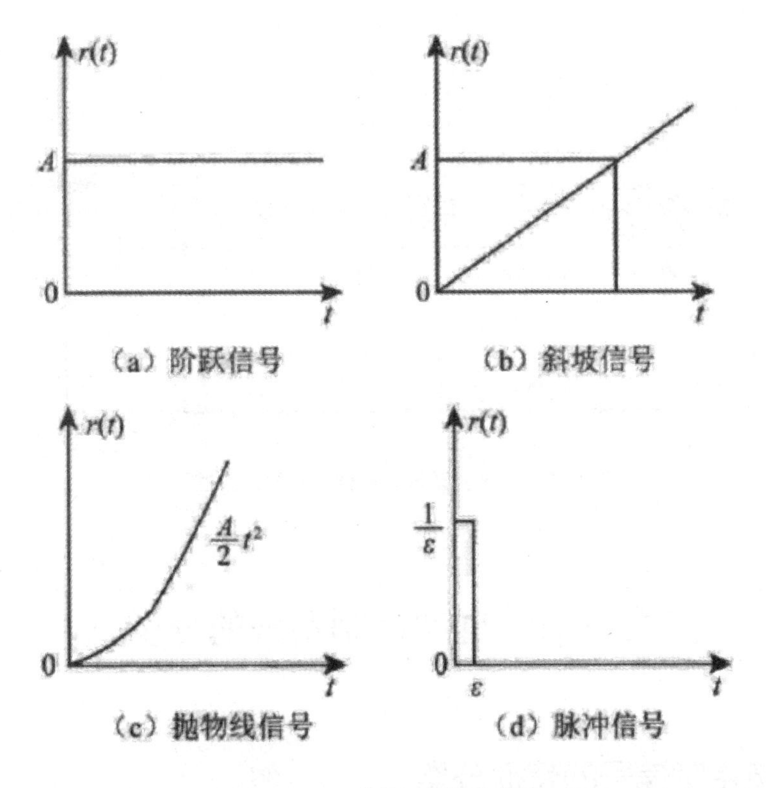

图 6–7　四种常见的输入信号

1. 附加给定输入补偿

图 6-8 是附加给定输入补偿控制系统方框图。在图 6-8 中，附加的补偿装置可以额外提供一个顺馈控制信号，并与原输入信号一起控制被控对象，从而提升系统的控制能力。

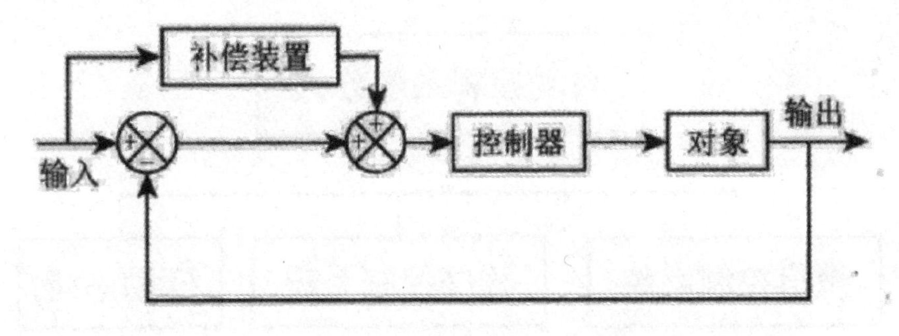

图 6–8　附加给定输入补偿控制系统方框图

2. 附加扰动输入补偿

图 6-9 是附加扰动输入补偿控制系统方框图。在图 6-9 中，附加的补偿装置可以降低扰动的影响，达到提高系统抗干扰能力的效果。①

① 徐春梅，尔联结，刘正华．一类高精度伺服系统基于模糊神经网络的复合控制 [J]．系统工程与电子技术，2003 (08): 71—75.

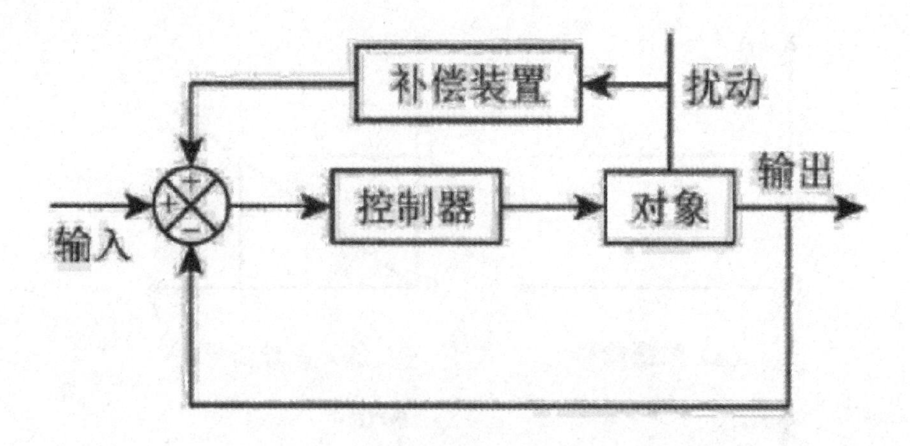

图 6-9　附加扰动输入补偿控制系统方框图

第三节　自动控制系统的分类

一、按给定信号的特征分类

按给定信号的特征来对自动控制系统进行分类是一种常见的分类方法。输入信号的变化会遵循一定的规则，依据这些规则可以将自动控制系统分成以下三类，具体分类情况如图 6-10 所示。①

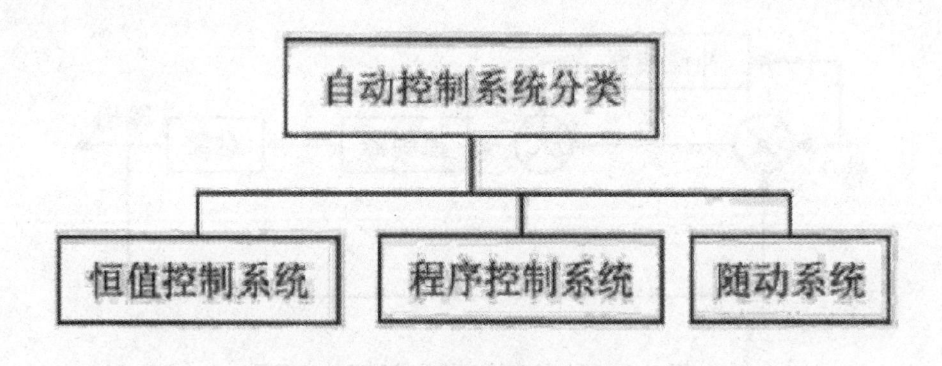

图 6-10　自动控制系统的分类

（一）恒值控制系统

恒值控制系统是自动调节系统的别称，之所以称其为“恒值”，是因为此类系统的输入信号是一个常数。当输入信号受到干扰时，可能会导致系统的数值发生微小的变化，从而产生差错，而采用恒值控制系统可以自动对输入信号进行调控操作，使数值精确地恢复

① 秦钟全. 图解电气控制入门 [M]. 北京：化学工业出版社，2018.

到期望值。如果结构原因不能完全恢复到期望值时，则误差应不超过规定的允许范围。例如，锅炉液位控制系统就是一种恒值控制系统，其方框图如图 6-11 所示。

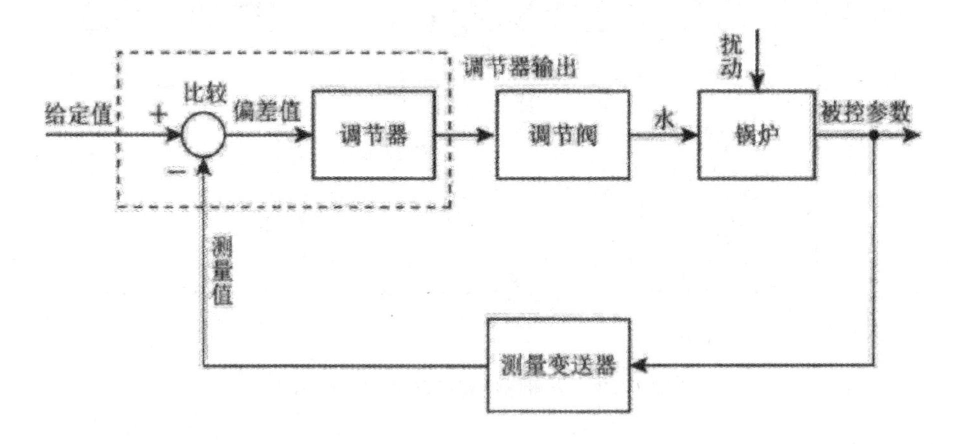

图 6–11　锅炉液位控制系统方框图

（二）程序控制系统

程序控制系统会预先设置一个时间函数，其输入信号会随着已知的时间函数而变化。换言之，程序控制系统的设定值会按预先设定的程序发生变化。总的来说，这类系统普遍应用于间歇生产过程，如进行热处理温度调控时的升温、降温、保温等，这都是根据预先设定的程序进行调控。加热炉温度控制系统方框图，如图 6-12 所示。

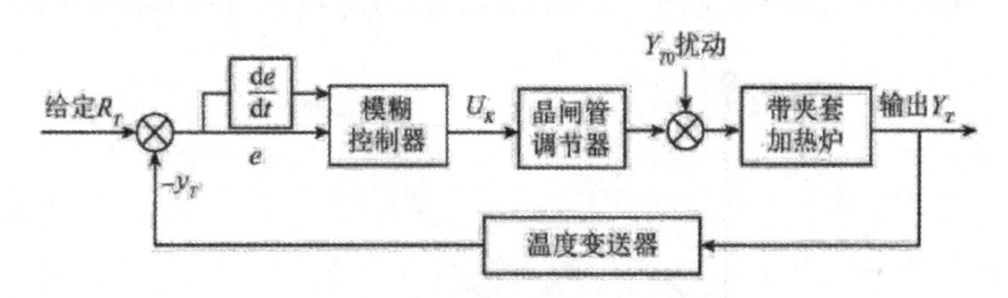

图 6–12　加热炉温度控制系统方框图

（三）随动系统

随动系统又称“伺服系统”，所谓伺服就是输入信号是时间的未知函数，即随着时间随意改变的函数。随动系统的任务是使数值高精度跟随给定数值的变化而变化，而且使其不受其他因素的干扰。简而言之，随动系统是使物体的位置、方位、状态等输出被控量能够跟随输入目标（或给定值）的任意变化而变化的自动控制系统。总的来说，随动系统多应用于自动化武器方面，如导弹的制导作用及炮瞄雷达的自行追踪系统，还应用在数控切割机、船舶随动舵、仪表工业中的各种自动记录设备等民用工业领域。常用的全闭环位置随动系统方框图如图，6-13 所示。

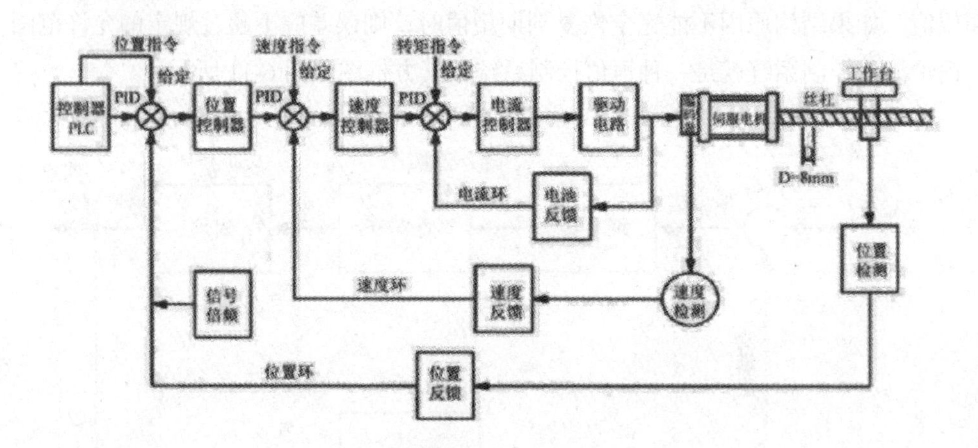

图 6-13　全闭环位置随动系统方程图

二、按信号传递的连续性分类

（一）连续系统

连续系统中各元件的输入信号和输出信号都是关于时间的连续函数，其运动规律需要借助微分方程来描述。连续信号是时间的连续函数，可以分为两种：一种是模拟信号，即时间和幅度都连续着的信号（如图 6-14 所示），呈现为一段光滑的曲线；另一种是幅度量化信号，即时间连续且幅度量化的信号（如图 6-15 所示），呈现为一段阶跃或阶梯形的曲线。

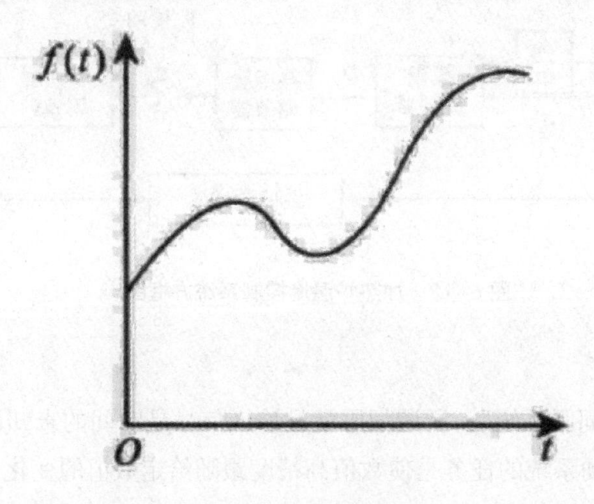

图 6-14　模拟信号

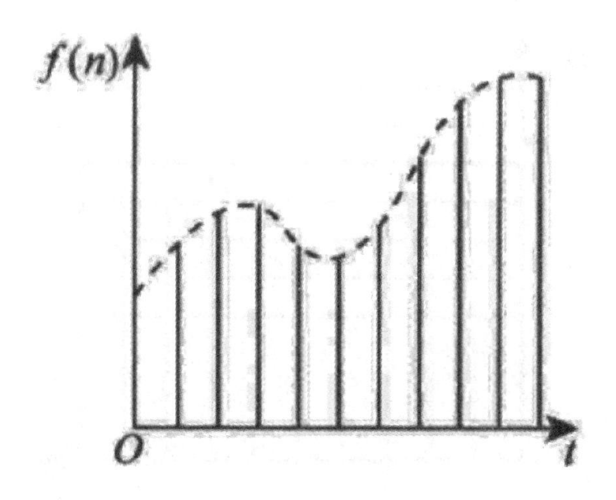

图 6-15　幅度量化信号

连续系统中各元件传输的信息在工程上称为模拟量，实际生活中大多数物理系统都属于连续系统。

（二）离散系统

只要控制系统中有一处信号是脉冲序列或数码信号，那么该系统就为离散系统。离散系统的状态和性能一般用差分方程来描述。离散信号是时间量化或离散化的信号，可以分为两种：一种是采样信号，即时间离散而幅度连续的信号（如图 6-16 所示）。其代表信息的特征量可以在任意瞬间呈现为任意数值的信号，同时其信号的幅度、频率和相位会随时间做连续变化。另一种是数字信号，即时间和幅度都量化的信号（如图 6-17 所示），其幅值表示被限制在有限个数值之内。

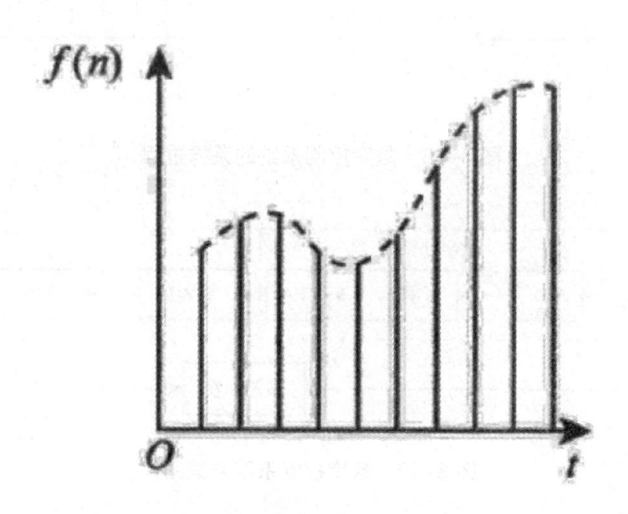

图 6-16　采样信号

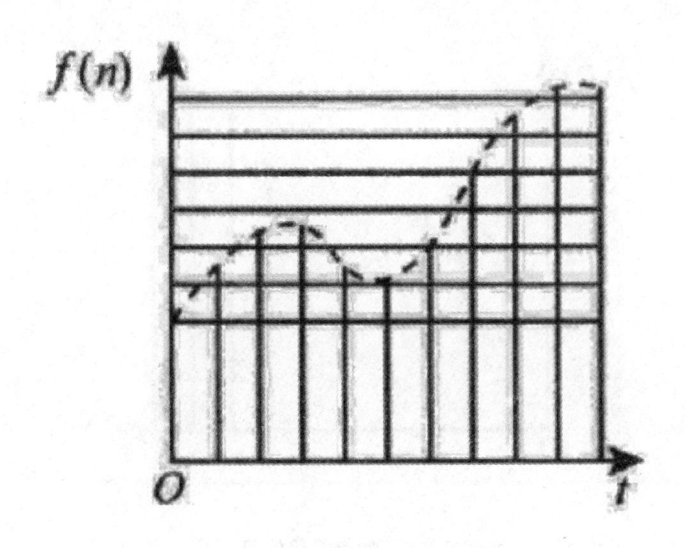

图 6-17 数字信号

在实际的电气自动化控制系统中，离散信号并不多见，连续信号更为普遍。为了便于统计和计算，人们通常会将连续信号离散化，即通过使用差分方程将连续的模拟量分为脉冲序列，这就是采样过程，而完成这一过程的系统就是离散系统，如数字控制系统。为了便于读者理解和应用，下面以数字控制系统为例，简要介绍采样过程。数字控制系统的采样过程如图 6-18 所示，其方框图如图 6-19 所示。

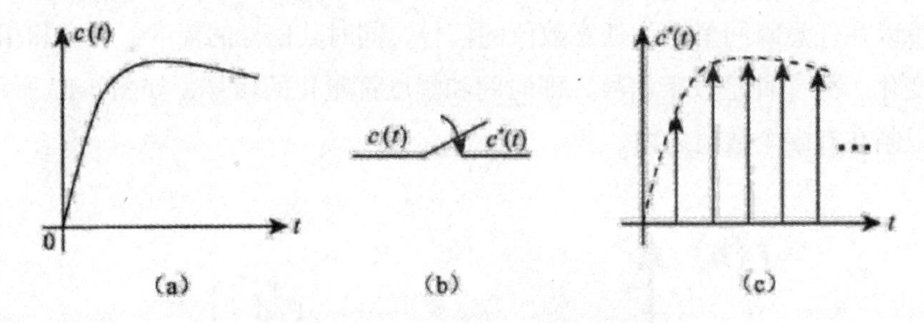

图 6-18 数字控制系统的采样过程

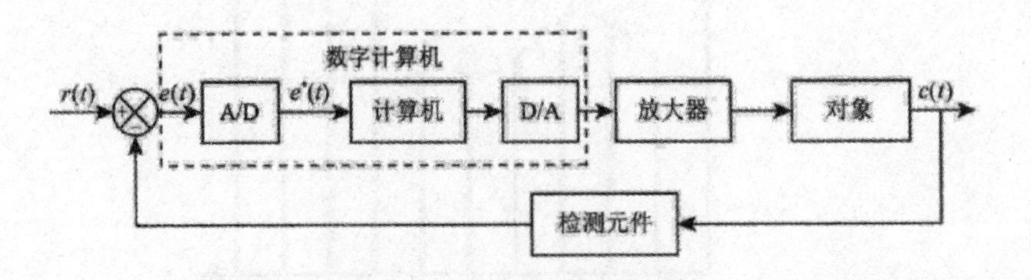

图 6-19 数字控制系统方框图

由图 6-19 可知，数字控制系统的运行流程为：A/D 转换器将连续信号转换成数字信号，经数字控制器处理后生成离散控制信号，再通过 D/A 转换器转换成连续控制信号作用于被控对象。其中，A/D 转换器是把连续的模拟信号转换为离散的数字信号的装置。ID/A 转换器是把离散的数字信号转换为连续的模拟信号的装置。①

三、按输入与输出信号的数量分类

（一）单变量系统（SISO）

单变量系统（single input single c)utput，简称 SISO）是在不考虑系统内部的通路与结构，仅从系统外部变量的描述分类时，有一个输入量和一个输出量的系统。也就是说，单变量系统中给定的输入量是单一的，响应也是单一的。但是，此类系统内部的结构回路可以是多回路的，内部变量也可以是多种形式的。单变量系统方框图如图 6-20 所示。

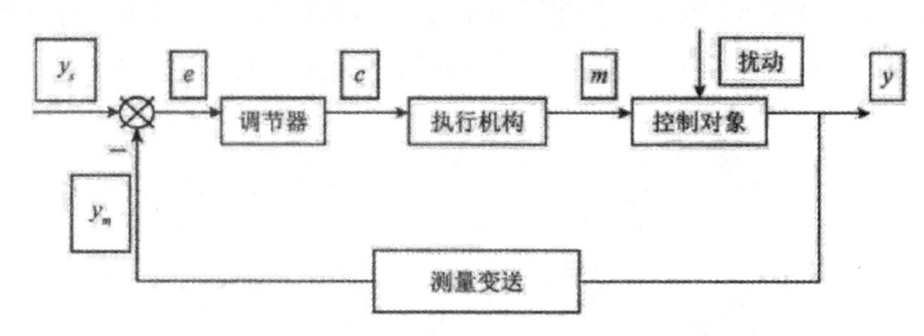

图 6-20　单变量系统方框图

（二）多变量系统（MIMO）

多变量系统（multiple input multiple output，简称 MIMO）有多个输入量和多个输出量，其特点是变量多、回路多，而且相互之间呈现多路耦合，因而其研究难度比单变量系统的研究难度要高得多。多变量系统方框图如图 6-21 所示。

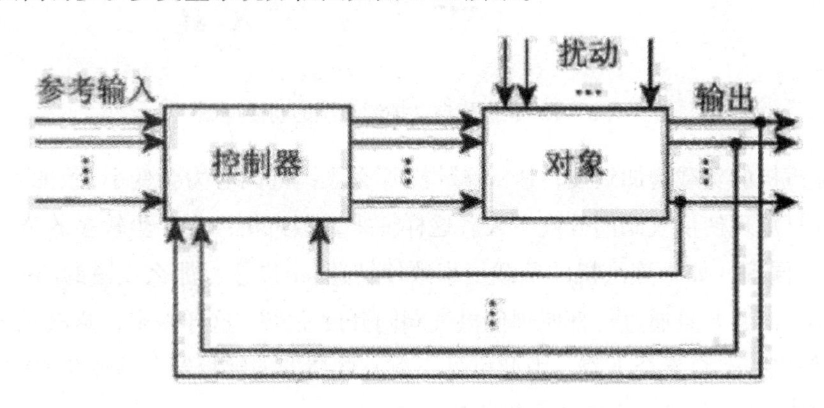

图 6-21　多变量系统方框图

① 陈艺 . 一种基于 FPGA 软核处理器的数字控制系统设计 [J]. 电子世界，20—19 (14): 165—166.

第四节　自动控制系统的典型应用

一、蒸汽机转速自动控制系统

蒸汽机转速自动控制系统的功能框图如图 6-22 所示，其工作原理如下。蒸汽机带动负载运转时，会使用圆锥齿轮带起一个飞锤进行水平旋转。飞锤通过铰链可引起套筒上下滑动，套筒里安装了用于平衡的弹簧，套筒上下滑动时会带动杠杆，杠杆另一端通过连杆调整供气阀门的打开程度。当蒸汽机正常使用时，飞锤旋转所产生的离心力与弹簧的反弹力度保持持平，套筒会停留在某一高度，此时阀门呈现恒定状态。

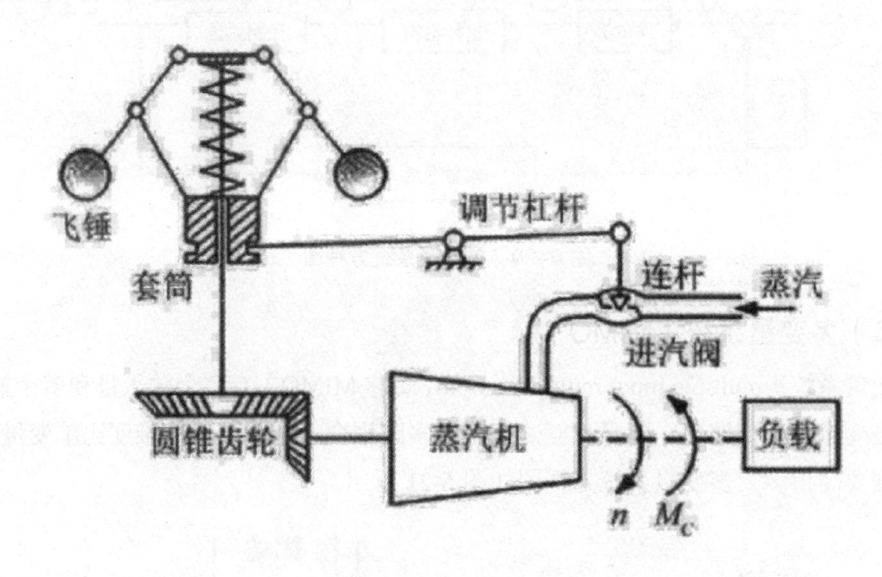

图 6-22　蒸汽机自动控制系统的功能框图

如果蒸汽机的负载增加致使转速 ω 减慢，那么飞锤的离心力会变小，致使套筒向下滑，并且通过杠杆原理使供气阀门开度更大。这样一来，蒸汽机内会产生较多的蒸汽，推动转速 ω 加速。同理，如果蒸汽机的负载变小致使转速 ω 提速，那么飞锤的离心力会加大，致使套筒向上滑，并且通过杠杆原理使供气阀门开度变小。这样一来，蒸汽机内的蒸汽量会缩减，其转速 ω 自然会下降。由此可见，离心调速器能够控制负载变化对转速 ω 的作用，使蒸汽机的转速 ω 基本维持在期望值之内。

综上所述，蒸汽机转速自动控制系统的被控制对象是蒸汽机，被控量是蒸汽机的转速 ω。离心调速装置感受转速大小并转化成为套筒的位移量，然后经杠杆作用转化成供气阀门的开闭，从而使蒸汽机的转速 ω 得到调控，由此形成了一个闭环的自动控制系统。此外，离心调速器不仅用于蒸汽机的控速，还经常用于水力发电站的水力透平机的调控。

二、炉温自动控制系统

炉温自动控制系统原理图如图 6-23 所示，其工作原理如下。加热炉采用电加热的方法运行，加热器所发生的热量与调压器的电压 Uc 的平方成正比，Uc 增高电炉就升温。在此系统内，Uc 是由调压器滑动触点的位置来调控的，该触点由可逆转的直流电机驱动。电炉的真实温度由热电偶测出，进行转化后得到毫伏级的电压信号标记为 Uf。 Uf 作为系统的反馈电压输送到输入端与给定电压 Ur 相比，由此得出偏差电压 Ue，Ue 经过电压放大器放大得到了 U1，再由功率放大器扩大成 Ua。这样一来，Ua 就成为调控电动机的电枢电压。

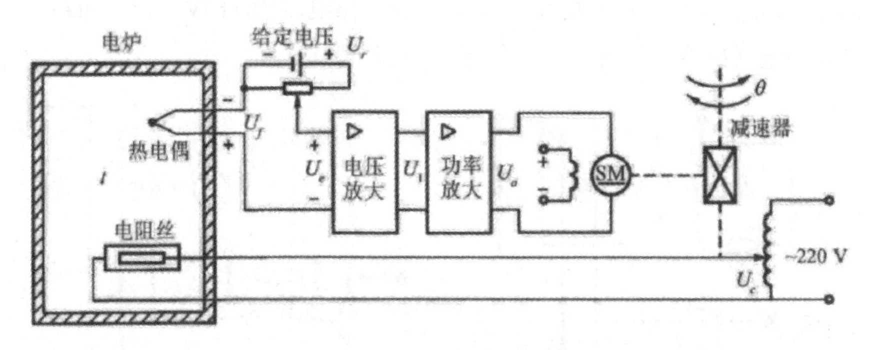

图 6-23　炉温自动控制系统原理图

一般情形下，某个期望值 t 与炉温相等，给定电压 Ur 与热电偶的输出电压 Uf 也恰好相等。此时，Ue=Ur—Uf=0，可逆电动机停止运作，调压器的滑动接触点会停在某个适合的位置，Uc 也就会维持一定的数值。也就是说，如果加热器吸纳的热量与电炉流失的热量恰好相等，就构建了平稳的热平衡状况。

假如炉温 t 受到某一因素的干扰而下降，如打开炉门使热量散失，那么炉温自动控制系统会进行以下过程，如图 6-24 所示。

图 6-24　炉温自动控制系统运行图

上述过程的结果是炉温上升，直到 t 的真实值恢复到与期望值相等。很明显，带反馈设备的闭环控制系统构成了炉温自主控制系统，其方框图，如图 6-25 所示。

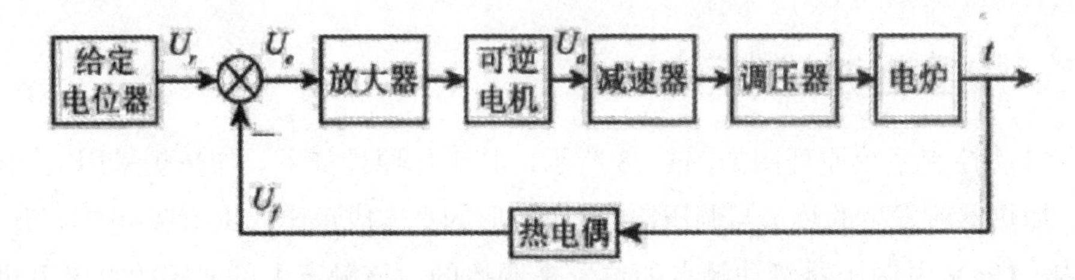

图 6–25　炉温自主控制系统方框图

三、电压调节系统

电压调节系统原理图，如图 6-26 所示。假设工作电压为 110V，带上负载后，两者的工作流程及稳态电压的变化情况分析，如图 6-26 所示。①

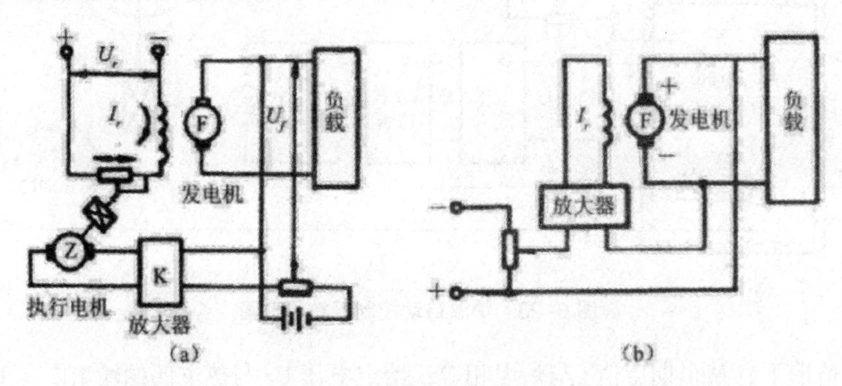

图 6–26　电压调节系统原理图

在图 6-26(a) 中，当 Uf 低于给定电压 Ur 时，其偏差电压经放大器 K 放大后，会驱动电机 Z 转动，经减速器带动电刷运动，发电机 F 的激磁电流 Ir 增大，发电机的输出电压 Uf 会升高，从而使偏差电压减小，直至偏差电压为 0 时，电机才停止转动。由此可见，在图 6-26(a) 的系统中，稳态电压能保持 110 V 不变。

在图 6-26(b) 中，当 Uf 低于给定电压 Ur 时，其偏差电压经放大器 K 后，会使发电机激磁电流增大，从而提高发电机的端电压。使发电机 F 的端电压回升，偏差电压减小。但是，偏差电压即使小，也不可能等于 0，因为当偏差电压为 0 时，Ir=0，这意味着发电机无法工作。由此可见，在图 6-26(b) 的系统中，稳态电压会低于 110V。

四、水温控制系统

水温控制系统原理图如图 6-27 所示，其方框图如图 3-28 所示。冷水在热交换器中由通入的蒸汽加热，从而使水温上升变为热水。在此过程中，冷水流量的变化用流量计来测量。下面简要阐述水温控制系统是如何保持水温恒定的。

① 郑强．一种新疆动态无功补偿和电压调节系统的构想 [J]. 电力学报，2005(03)：37—39.

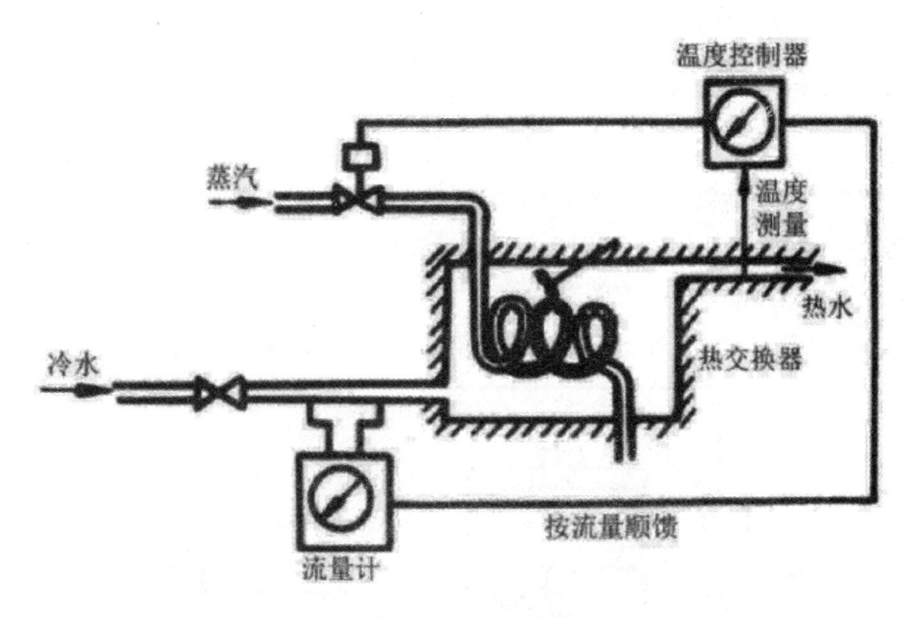

图 6-27　水温控制系统原理图

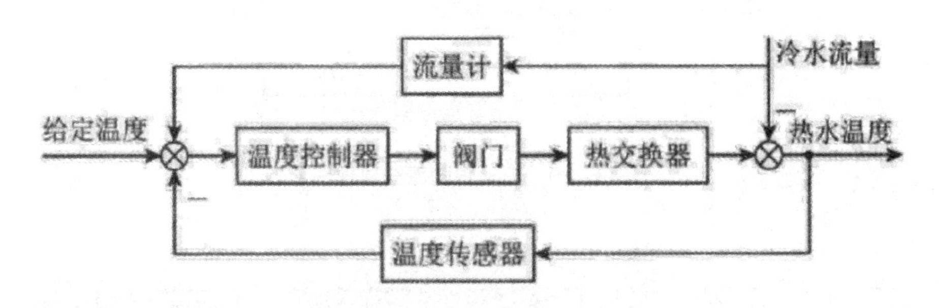

图 6-28　水温控制系统方框图

由图 6-27 和图 6-28 可知，水温控制系统的工作原理如下：由温度传感器不断测量交换器出口处的实际水温，并在温度控制器中将实测温度与给定温度相比较。若实测温度低于给定温度，其偏差值会使蒸汽阀门开大，进入热交换器的蒸汽量就会增多，从而使水温升高，直至偏差为 0；若实测温度高于给定温度，其偏差值会使蒸汽阀门关小，进入热交换器的蒸汽量就会减少，从而使水温降低，直至偏差为 0。如果冷水流量突然加大，其流量值由流量计测得，水温控制系统会通过温度控制器开大阀门，以增加蒸汽量，实现冷水流量的顺馈补偿，从而保证热交换器出口的水温不会发生大的波动，即控制水温恒定。

整体来看，在水温控制系统中，热交换器是被控对象；实际水温为被控量 I，给定值是在温度控制器中设定的给定温度；冷水流量是干扰量。[①]

① 娄建忠，李彦波，王永青，等，水温控制系统 [J]. 河北大学学报（自然科学版），2001, 21(4): 415—418.

五、刀具跟随系统

在现代社会中，工厂加工设备基本实现了自动化运行。以刀具生产线为例，其生产过程几乎全部为机器自动化生产，这大大减轻了工人的工作量，提升了工厂的生产率。之所以能够实现刀具的自动化生产，是因为刀具生产线特别是刀头生产线安装了刀具跟随系统。下面简要介绍刀具跟随系统的工作流程。

刀具跟随系统原理图，如图 6-29 所示；其方框图，如图 6-30 所示。

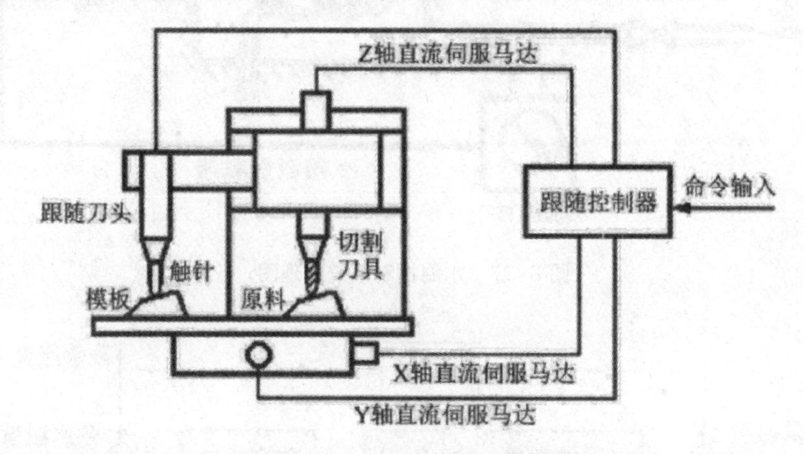

图 6–29　刀具跟随系统原理图

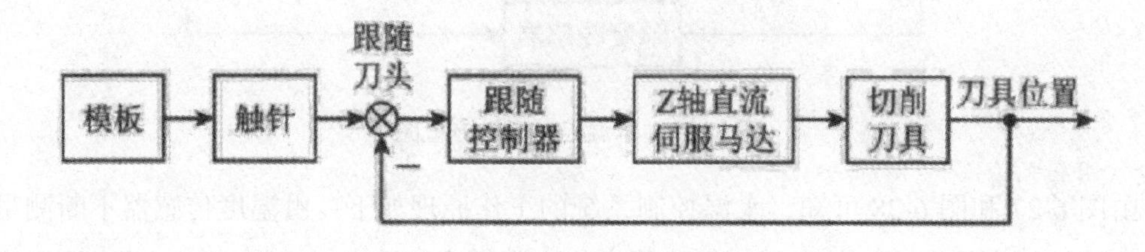

图 6–30　刀具跟随系统方框图

由图 6-29 和图 6-30 可知，刀具跟随系统的工作原理为：首先，将模板和原料放在工作台上，并将其固定好；其次，跟随控制器会下达命令，使 X 轴、Y 轴直流伺服系统①从而带动工作台运转，而模板会随着工作台一同移动，在这一过程中，触针会在模板表面滑动，同时跟随刀具中的位移传感器会将触针感应到的反映模板表面形状的位移信号发送给跟随控制器；最后，跟随控制器的输出驱动—Z 轴直流伺服马达会带动切削刀具连同刀具架跟随触针运动，而当刀具位置与触针位置一致时，两者位置偏差为 0，Z 轴伺服马达就会停止，最终原料被切割为模板的形状。

整体来看，在刀具跟随系统中，刀具是被控对象；刀具位置是被控量；由模板确定的触针位置是给定值。[①]

① 王德权．刘彬，贾合丰．生产自动线刀具跟豫系统的研究和开发 [J]. 组合机床与自动化加工技术，2003(11)：50.

六、谷物湿度控制系统

自古就有“民以食为天”这句话，足以见得，人类的生存离不开粮食。在现代社会中，机器生产已经替代了传统的手工生产，形成了较稳定的谷物磨粉生产线。以北方人民常吃的小麦为例，小麦先磨成面粉，再经过精加工，就成为人们能食用的普通面粉了。其中，关系到面粉质量的最为关键的一个环节就是给小麦添加一定的水分，使其保持一定的湿度，从而使同等质量的小麦产生更多的面粉，且提高面粉的质量。这一过程中就需要用到谷物湿度控制系统。实际上，谷物湿度控制系统是一个按干扰补偿的复合控制系统，其原理图如图 6-31 所示，其方框图如图 6-32 所示。

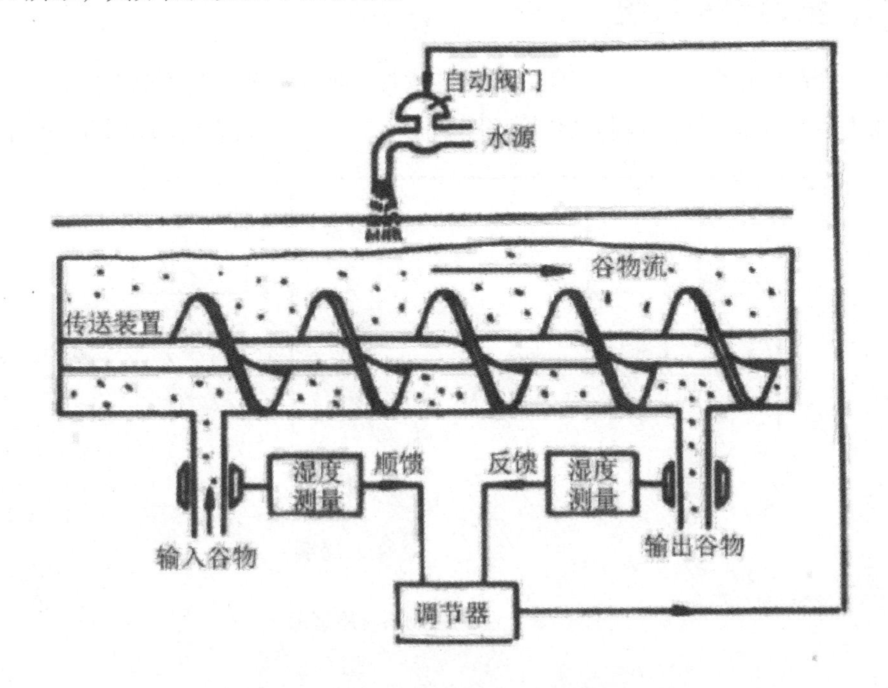

图 6–31　谷物湿度控制系统原理图

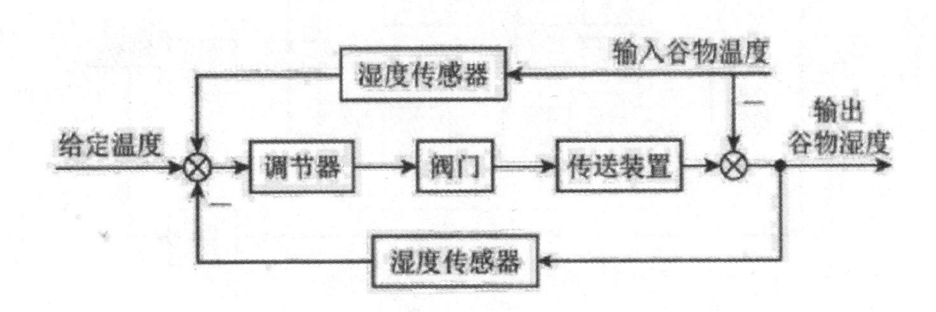

图 6–32　谷物湿度控制系统方框图

由图 6-31 和图 6-32 可知，谷物湿度控制系统的工作原理如下。传送装置将谷物按一定流量通过加水点，加水量由自动阀门进行控制。若输入湿度低于给定湿度，两者存在的偏差值会通过调节器调大阀门，使得传送装置上的谷物能接受更多的水分，从而提高谷物湿度，直至偏差为 0；若输入湿度高于给定湿度，两者存在的偏差值会通过调节器关小阀门，使得传送装置上的谷物不再接受更多的水分，从而降低谷物湿度，直至偏差为 0。为了提高控制的精准度，谷物湿度控制系统还采用了谷物湿度的顺馈控制。这样一来，输出谷物湿度会通过湿度传感器反馈到调节器处，谷物湿度控制系统会通过调节阀门大小来调节水量，实现谷物湿度的顺馈补偿，从而控制谷物维持一定的湿度。

整体来看，在谷物湿度控制系统中，传送装置是被控对象；输出谷物湿度是被控量；给定谷物湿度是给定值；谷物流量、加水前的谷物湿度以及水压都是干扰量。①

七、张力控制系统

在生产产品的过程中，为保证输送带上的货物不堆积或输送带不被拉断，常常需要配备一个张力控制系统。张力控制系统原理图如图 6-33 所示，其方框图如图 6-34 所示 .

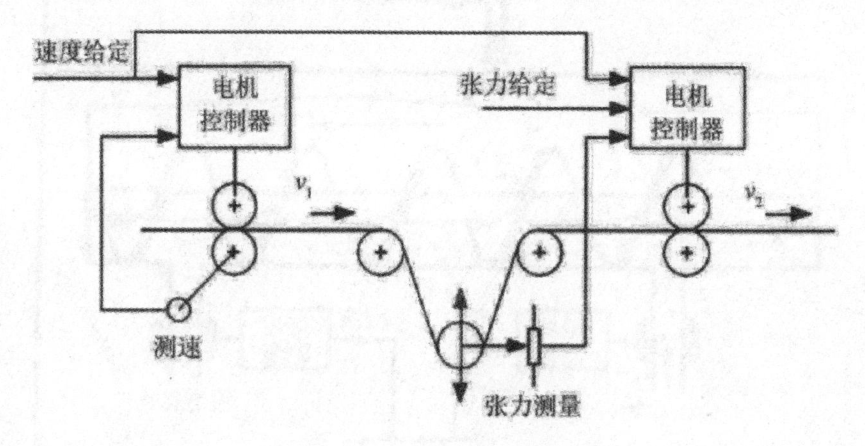

图 6–33　张力控制系统原理图

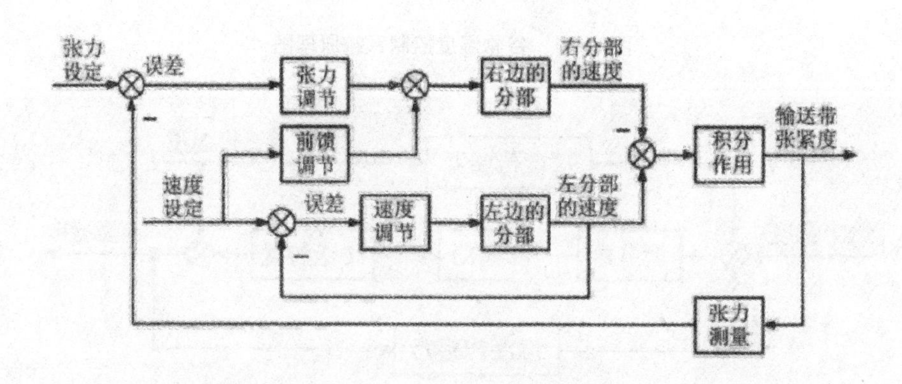

图 6–34　张力控制系统方框图

通过分析图 6-33 可以发现，输送带左边的设备摆放采用的是速度反馈控制（以下简

① 朱亚东，师帅兵，胡磊．谷物湿度测量系统的设计 [J]. 农机化研究，2009, 31 (04): 87—89.

称“左分部”)，输送带右边的设备摆放采用的是速度前馈控制和张力反馈控制（以下简称“右分部”)。两个分部结合起来共同构成了一个完整的张力控制系统，即内外双闭环控制系统。其中，速度环是内环，张力环是外环。①

由图 6-33 和图 6-34 可知，张力控制系统的工作原理如下。当给定速度发生变化时，左分部和右分部会同时接收到一个信号，并在测速反馈的作用下，两个分部的转速会跟随指令发生变化。然而，由于左分部和右分部的参数和性能等方面必然存在差异，使得两个分部的变化不可能做到绝对的同步，即两者必然会产生一定的差值。而在张力控制系统中，这一差值会逐渐积累起来并被右分部的张力测量环节测得（得到实测张力)，并同时做出相应的反馈。当实测张力小于设定值时，右分部会适当增加速度；当实测张力大于设定值时，右分部会减小速度。这样一来，张力控制系统可以确保两个分部转速之间产生的偏差影响就不会被累加起来，从而确保两个分部的平均速度是相等的。

八、摄像机角位置自动跟踪系统

自动跟踪系统的目标常常是以一定速度和加速度运动的个体、车辆、飞机、轮船、导弹和人造卫星等。这一系统可提供跟踪目标的空间定位、行为和性能，是一种多功能、高精度的跟踪和测量方式。虽然根据跟踪目标的不同，自动跟踪系统的命名和组成略有差别，但其实质上都是由位置传感器、信号处理系统、伺服系统和跟踪架等部分组成。这里分析的摄像机角位置自动跟踪系统是一种使摄像机自动跟随光点显示器指示方向拍摄所需内容的系统，常用于报告厅、宴会厅的追光设备中。摄像机角位置自动跟踪系统原理图如图 6-35 所示，其方框图如图 6-36 所示。②

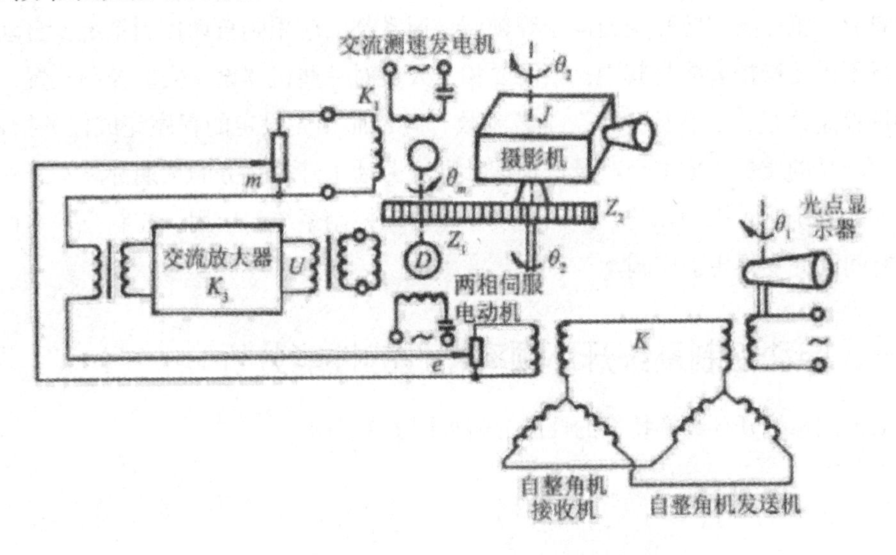

图 6–35　摄像机角位置自动跟踪系统原理图

① 从振华．热轧卷取机张力控制系统 [J]．中国金属通报，2019 (02): 78—79.

② 刘瑞安，靳世久，单摄像机视线跟踪 [J]．计算机应用．2006，26 (9): 2102—2104.

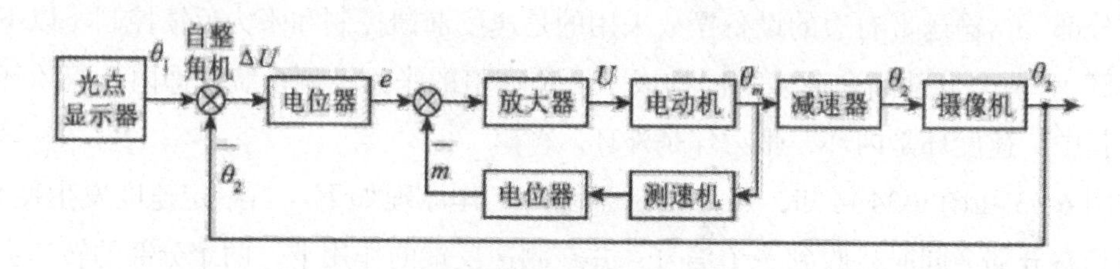

图 6-36　摄像机角位置自动跟踪系统方框图

由图 6-35 和图 6-36 可知，摄像机角位置自动跟踪系统的工作原理为：当摄像机方向角与光点显示器指示的方向一致时，θ2=θ1，自整角机输出值 e=0，交流放大器输出电压 U=0，电动机静止，摄像机保持原来的协调方向；当光点显示器转过一个角度，即θ2 ≠ θ1 时，自整角机输出与失谐角 Δθ=θ1-θ2 成比例的电压信号（其大小、极性反映了失谐角的幅值和方向），其经电位器后得出自整角机输出值 e，e 经过放大器放大后会驱动电动机旋转，并通过减速器带动摄像机跟踪光点显示器的指向，使偏差减小，直到摄像机与光点显示器指向重新达到一致。

在摄像机角位置自动跟踪系统中，摄像机是被控对象；摄像机的方向角 θ2 是被控量；光点显示器指示的方向角 θ1，是给定值。测速发电机的作用是测量电动机的转速，进行速度反馈，从而提高摄像机角位置自动跟踪系统的性能。

第五节　自动控制系统的校正

在农业、工业、国防和交通运输等领域，通常都会应用到自动控制系统。自动控制系统的运行不需要操控者参与其中，只需要相关人员对一些机器设备安装控制装置，使其能够自动调控生产过程、目标要求、工艺参数，并依照预先设定的程序完成任务指标即可。实际上，产品的质量、成本、产量、预期计划、劳动条件等任务的预期都离不开一个精准的自动控制系统。正因为如此，人们越发注重自动控制系统的应用，控制技术和控制理论的发展空间因此变得更加广阔。

一、自动控制系统开环频率特性的性能分析

自动控制系统开环频率特性的性能分析如图 6-37 所示。

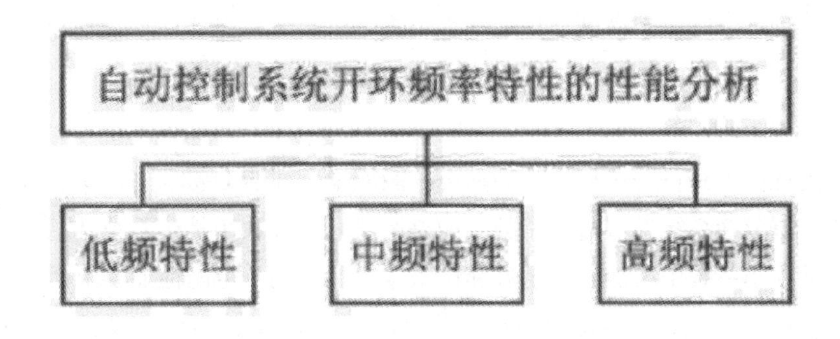

图 6–37　自动控制系统开环频率特性的性能分析

（一）低频特性

自动控制系统的准确性是自动控制系统在稳态情况下所达到的精准程度。其中，稳态情况是指系统波动微小或者系统处于平静状态。因此，系统低频状况下体现出来的性能就是准确性。然而，在实际的精度评定中，系统的稳态情况并不相同。在衡量系统的精准程度时，伯德图把 ω=1 作为评定标准，按照绘制伯德图的方法可知，自动控制系统总的增益是在 ω= 时。例如，系统被放大 10 倍会得到 20dB 的增益，系统被放大 100 倍会得到 40dB 的增益。经过实践表明，放大倍数越大，自动控制系统的精度性就越高。为了能够保障自动控制系统的最低精准度，一般要求 ω=1 时的增益要大于 20dB。一般工业自动控制系统用百分比来表示精度，并且国家标准中对精度进行了等级的划分，如一级 PID 调控仪表的精度为 1%。

（二）中频特性

由伯德图可知，自动控制系统的工作频率就是系统开环幅频特性曲线穿过零分贝时的频率，而不同的自动控制系统有其固定的工作频率，输入值的变化不会对其造成任何影响。由此可见，测定系统工作频率具有重要的意义。研究表明，穿越零分贝时的相对裕量 γ 为 300 ~ 600 是较为适宜的，此时穿越的斜率会在—20dB 时得以确保。通过判定这两项指标是否满足就可以确定系统的稳定性能，相对裕量越大则证明其性能越好。

（三）高频特性

自动控制系统的开环幅频特性穿越零分贝以后，其相频特性接近或穿越 1800 时，此时与之相对应的幅频特性值达到—6 ~ 10dB，此时自动控制系统较为合理。人们通常认为自动控制系统的频率越快越好，事实却并非如此，这是因为频率还会受到自动控制系统性能的影响。当确定自动控制系统的工作频率后，其快速性也就得到了确定，对系统强制性迅速反应的要求会导致系统的性能劣化，甚至会导致系统产生振荡状态。

二、自动控制系统的校正

随着自动调控系统应用范围的扩大，人们对自动控制系统的精准度提出了更高的要求，因此要十分重视自动控制系统的校正。如果系统的校正没有做好，就无法确保其作用的发挥功效。基于此，下面本文将对校正的概念、方式和装置进行介绍。

（一）校正的概念

当性能指针达不到自动调控系统的动态性能或稳态性能的要求时，我们可以对自动控制系统中能够调节的系统参数进行调整。如果调整完的参数还是达不到既定的目标，那么就需要在自动控制系统中增加一些组件和设备。为了达到一定的性能要求而对自动控制系统的结构和性能进行调整的方法就叫作“系统校正”，增加的组件和设备可以称为“校正组件”和“校正设备”。

（二）校正的方式

按照校正装备在自动调控系统中所处的地点进行划分，校正可分为串联校正、顺馈补偿校正、反馈校正三种方式，具体内容如图 6-38 所示。

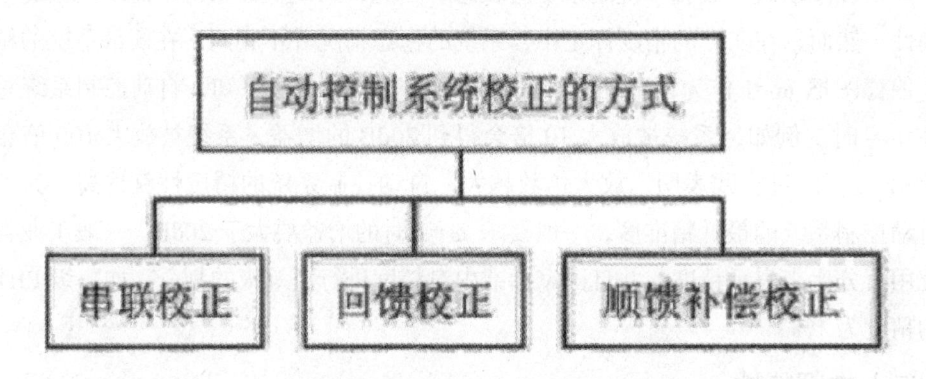

图 6–38　自动控制系统校正的方式

1. 串联校正

串联校正就是将校正装置串联在自动调控系统固定部分的前向通道中，如图 6-39 所示。在串联校正中，为了减小校正装置的功率，使校正装置更为简单，通常将串联校正装置安置在前向通道中功率等级最低的位置。

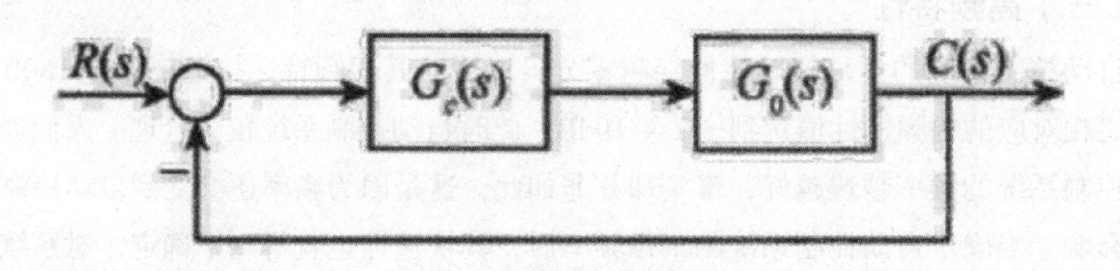

图 6–39　串联校正示意图

注：R（s）为给定输入信号；

Gc（s）为校正装置的传递函教；

G0(s)为系统固有部分的传递函数；

C(S)为输出信号。

2. 反馈校正

反馈校正示意图如图 6-40 所示。反馈校正的基本原理是：未被校正的自动调控系统中有阻碍动态性能优化的环节，反馈校正装置将未校正系统包围，从而形成一个局部的反馈回路，在局部反馈回路的开环幅值远大于 1 的情况下，局部反馈回路的特征主要由反馈校正装置决定，与包围环节没有关系。为了使自动调控系统的性能满足要求，就要选取合适的反馈校正装备的参数和方式。反馈校正不仅可以取得串联校正所能达到的效果，还具有许多串联校正所不能达到的效果。

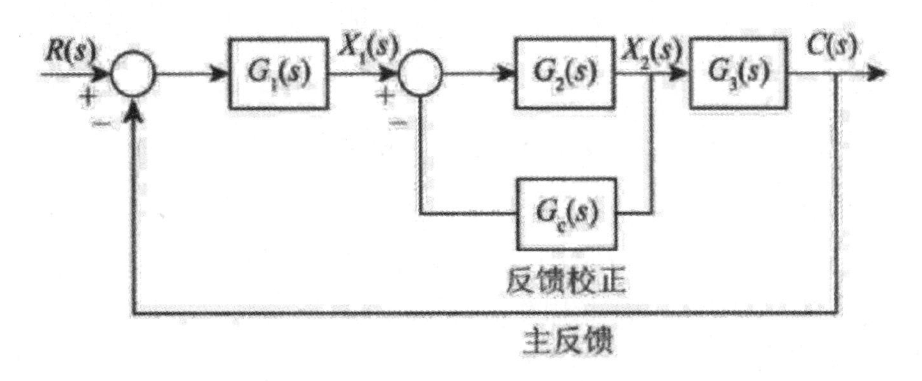

图 6–40　反馈校正示意图

注：R(s)为给定输入信号；Gc(s)为校正装置的传递函数；

G1(s)、G2(s)、G3(s)为系统固有部分的传递函数；

C(s)为输出信号。

3. 顺馈补偿校正

基于反馈控制而引进输入补偿构成的校正方式叫作顺馈补偿校正，其有以下两种运行方式：一是引进指定的输入信号补偿，二是引进干涉输入信号补偿。给定扰动输入信号 D(s)和给定输入信号 R(s)由校正装置直接或者间接进行给出，经过一定的转换后，以附加校正信号的方式输入到自动调控系统中，此时系统要对可测干扰进行干扰补偿，从而减少或抵消干扰，提高自动调控系统的调控精确度。

综上所述，串联校正是一种比较直观、实用的校正方式，它能对自动调控系统的性能及结构进行优化，但是其不能消除系统部件参数变化对系统性能的影响 . 被包围的参数、性能都可以由反馈校正进行改变，反馈校正的这一功能不仅能抑制部件参数变化，而且能减少内、外扰动对系统性能的干扰，有时还可以代替局部环节。顺馈补偿校正是在自动调控系统的反馈控制回路中加入前馈补偿。需要注意的是，只要进行合理的参数选取，就能够使系统稳定运行，使稳态差错出现的次数减少甚至消除差错。但是，顺馈补偿校正要适当，否则会引起振荡。

三、校正装置

在自动调控系统中，校正装置可分为有源校正设备和无源校正设备，划分依据是校正设备自身是否配备电源。

无源校正装置通常是由电阻和电容构成的端口网络。根据频率的不同，可以将其分为相位滞后校正、相位超前校正、相位滞后—超前校正一种，其示意图如图 6-41 所示。

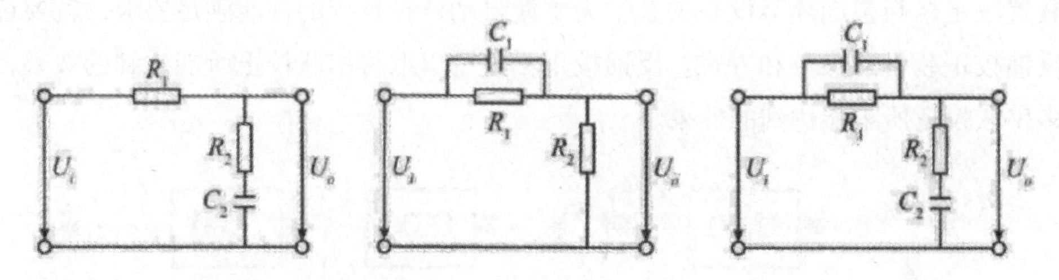

图 6–41　无源校正示意图

（a）相位海后校正（b）相位超前校正（c）相位滞后—超前校正

注：R(s) 为给定输入信号；Gc(s) 为校正装置的传递函数；

G1(s)、G2(1)、G3(s) 为系统固有部分的传递函数；

C(s) 为输出信号。

无源校正设备的组合非常简便并且线路简易、不需要外接电源，但是该设备自身没有增益，只有缩减；且输入阻抗低，输出阻抗较高。因此，使用这一设备时，必须添加放大器或者隔离放大器。

有源校正设备是由运算放大器构成的调节器。典型的有源校正所以设备如图 6-42 所示。由于有源校正设备自身具有增益性，并且输出阻抗低，输入阻抗高，有源校正设备应用范围更广，但是，有源校正设备的不足是必须外接电源。

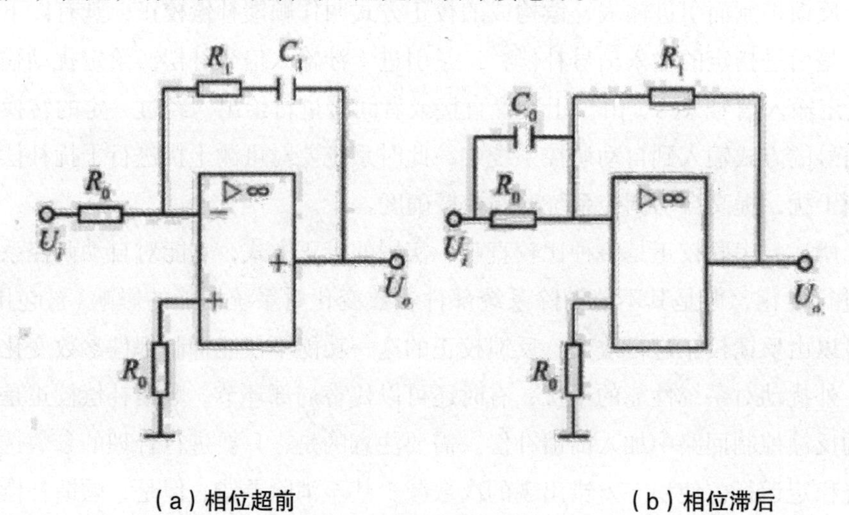

图 6–42　有源校正示意图

注: R(s) 为给定输入信号; Gc(s) 为校正装置的传递函数;

G1(s)、G2(s)、G3(s) 为系统固有部分的传递函数;

C(s) 为输出信号。

第七章 电气自动化控制系统的设计与应用

现如今，经济的快速发展与电气自动化技术的发展密切相关，电气自动化技术可以完成许多仅靠人力无法完成的工作，如在辐射、红外线、冷冻室等十分恶劣的工作环境下的工作，人类长期在如此恶劣的环境下工作会对自身的健康造成损害。但是，这类恶劣环境下的工作又是必不可少的，这时电气自动化控制系统的应用就显得尤为重要。由此可见，电气自动化控制系统的应用可以给企业带来许多便利，可以提高工作效率，减少环境因素对人体造成的伤害。基于此，本章将阐述电气自动化控制系统的设计与应用的内容。

第一节 电气自动化控制系统简析

一、电气自动化控制系统概述

电气自动化控制系统是一种无人操控的新型的自动化系统，它可以使用保护、控制、监测等形式的仪器设备对电气设备进行全面的控制。这一系统由制动系统、保护系统、自动与手动寻路系统、信号系统、供电系统等系统共同组成。[①] 其中，制动系统能在系统报错时，紧急停止当前操作，最大限度地降低损失；保护系统一般由稳压器、熔断器等具有保护作用的设备组成，其可以在电路出现问题时及时稳定电路或断开电路，进而达到保护大部分线路与设备的目的；自动与手动寻路系统能通过组合开关完成手动与自动的自由切换；信号系统作为电气自动化控制技术系统的核心，能够起到采集信号并集中分析处理信号的作用，并发出相应的指令；供电系统则为机械设备的正常运转提供动力。

我国电气自动化控制系统历经几十年的发展，从集中式控制系统转变为分布式控制系统。分布式控制系统相比集中式控制系统具有可靠、实时、可扩充的特点，并且分布式控制系统融入了更多的新技术，其功能更为完备。

电气自动化控制系统的功能主要有：控制和操作发电机组，实现对电源系统的监控，对高压变压器、高低压厂用电源、励磁系统[②] 等进行操控。大部分电气自动化控制系统采用程序控制以及采集系统。总的来说，电气自动化控制系统对信息采集的快速性、准确性

---

① 祁太元. 光伏电站自动化技术及其应用 [M]. 北京：中国电力出版社，2017.

② 王建华. 电气工程师手册（第 3 版）[M]. 北京：机械工业出版社，2018.

提出了要求，同时对设备的自动保护装置的可靠性以及抗干扰性也提出了要求，其具有优化供电设计、提高设备运行与利用率、促进电力资源合理利用的优点。

二、电气自动化控制系统的分类

按照不同的分类标准可以将电气自动化控制系统分为不同的类别，其分类标准如图 7-1 所示。

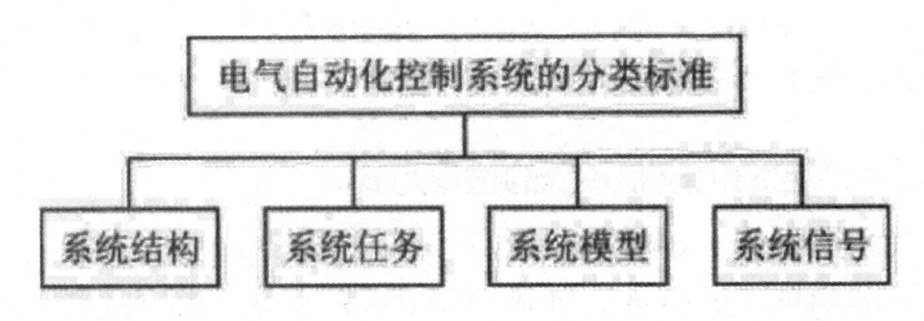

图 7-1 电气自动化控制系统的分类标准

（一）按系统结构分类

电气自动化控制系统基于系统结构的角度可以分为复合控制系统、开环控制系统和闭环控制系统。

（二）按系统任务分类

电气自动化控制系统基于系统任务的角度可以分为程序控制系统、调节系统和随动系统。

（三）按系统模型分类

电气自动化控制系统基于系统模型的角度可以分为时变控制系统和非时变控制系统，还可以分为线性控制系统和非线性控制系统。

（四）系统信号

电气自动化控制系统基于系统信号的角度可以分为连续系统和离散系统。这里的信号是指以时间为模拟量的信号。若是以时间为模拟量的连续信号就是连续系统；则以时间为模拟量的离散量信号就是离散系统。

三、电气自动化控制系统的工作原则

电气自动化控制系统不是连接单一设备的系统，而是一种连接多个设备、并对整个生产过程进行统一调控的系统。电气自动化控制系统需要具备可以控制生产活动的设备和应用一些控制管理的程序，以便对设备在运行中获取的数据进行实时分析和反馈，使用户可以及时了解设备的运行情况。在此过程中，电气自动化控制系统应遵循以下两点工作原则。

（一）拥有一定的抗干扰能力

因为电气自动化控制系统是连接多个设备的系统，其在运行中各设备间难免会存在不同程度的干扰情况，为了削弱设备间的干扰造成的影响，所以电气自动化控制系统就需要具备一定的抗干扰能力。

（二）坚持输入输出分配均匀的原则

工作人员应自行根据工作特点与设备型号的不同，合理地设置输入和输出参数，根据输入的数据推算出输出数据，通过系统进行仪器自检以提高工作效率，并对错误程序进行修正，以此实现规定时间内的固定输入输出量目标。

四、电气自动化控制系统的检修方式

目前，大部分行业已经开始应用电气自动化控制系统。当前的电气自动化系统主要采用 Windows NT 和 IE 作为编程语言，形成了标准化的平台，并应用了 PLC 管理系统，简化了操作，提高了系统的使用效率。通过 PLC 系统和电气自动化控制系统的结合，电气自动化控制系统的智能水平提高了许多，其操作界面也更加人性化。若是系统出现问题，则可在操作过程中及时发现。此外，PLC 系统和电气自动化控制系统的结合还新增了自动回复功能，从而大大减轻了系统相应的检修和维护工作负担，提高了电气自动化设施的使用率，合理地减小了因电气设备出现故障对生产造成的影响。

即便如此，现阶段电气自动化控制系统的检修仍然存在较多问题，如目前检修人员采取的检修策略是提前检修尚未进行到下一个维护周期便停止运行的电气设备，即临时检修。在传统的维护计划中，对正常运作的电气设施进行维护会浪费一部分人力、物力，从而导致电气设备的使用率下降。实际上，电气设备受到设定的维护方案的限制，当其出现问题时仍继续运转。对此，国内外的优秀的电气设备检修策略是在设施设备状态良好的情况下开展检修与维护。

为了保障系统得到稳定、可靠的供电，电气自动化控制系统的重要电气设备应该由绝缘子、电机、避雷针、变压器、电力电容器和输电线路构成。当电气设备产生故障造成停产时，会给经济带来损失。笔者通过统计与研究国内外众多的资料后发现，电气设备绝缘性能的劣化是促使其产生故障的重要因素。导致电气设备绝缘性能劣化的因子可以分成以下四种，即机械因子、热因子、环境因子和电因子。为了能够对电气自动化控制系统中的故障进行及时判断与处理，检修人员必须掌握一定的设备检修方式，并积极主动地检测电气设备。

检修人员为了及时快速地解决电气设备发生的故障，需要掌握设备发生故障的规律和因素，并对电气自动化控制系统的故障进行分类。对此，检修人员可以从科学合理的预防电气设备故障方法、分级维修管理电气设备、分阶段维修管理电气设备的角度出发，判断和处理电气设备的故障。

由于不同的电气自动化控制系统存在差异性，其使用寿命、设计理念、结构构造等方面都可能不同。为了确保电气设备的正常运作，必须保证外界的环境具备一定的特殊工艺条件，使不同的设备可以承受不同的机械强度。与此同时，检修人员为了对不同的电气设备进行故障预防，需要完成分级维修管理电气设备的工作。一方面，检修人员需要有效地掌握电气设备的使用状况，通过电气设备的运转情况完成分级维修管理电气设备的工作；另一方面，检修人员必须确保电气设备运转条件的达成，如湿度、温度等，从而有效地延长电气设备的使用寿命。此外，由于检修人员的专业水平普遍存在显著的差异，企业管理者应该让专业性较强的检修人员管理、维修主要的、维修难度较高的电气设备，让专业性较差的检修人员负责一些基础性的维修工作，从而实现设备的分级维修管理，实现人力资源的合理配置，以达到预防预期的目的。

因为不同时期电气自动化控制系统发生故障的频率不同，所以检修人员需要对不同时期的维修管理工作进行科学合理的安排。第一，检修人员应该在电气设备运行初期阶段或开始运行之前，归纳总结出电气设备的运作规律与特征，完成检测电气设备电路性能的工作，从而准确地掌握电气设备的故障频率。与此同时，检修人员可以指导其他操作人员如何更安全简便地操作电气设备，以降低电气设备运作初期阶段便产生故障的频率。第二，在电气设备稳定运作后，检修人员应该长期监测电气设备的运作情况，既需要完成分析电气设备抗电磁干扰、散热等方面的工作，还需要了解操作人员是否熟练且规范地操控设备，降低设备的故障发生率。

预防电气自动化控制系统产生故障的同时，检修人员应该确保预防方式的有效性、合理性和科学性。一方面，检修人员在检测电气设备的散热性能、电路性能等性能的过程中，应该运用先进的检测手段和仪器设备来确保检修过程的合理性、科学性和有效性；另一方面，检修人员在维护、管理电气设备的不同时期，应该制定不同的检修策略，并依据实际情况积极、有效地调整策略，以确保检修过程的科学性、标准性和有效性。此外，管理人员应该在给检修人员分配完检修任务后，明确不同检修人员的权责，培养检修人员较强的责任心，使其主动担负起预防电气设备发生故障的职责。与此同时，检修人员应该运用科学合理的检修手段完成电气设备的检修工作，积极、有效地寻找电气设备中存在的安全隐患，提升自身的检修技巧，提高电气设备检修的效率。

现阶段普遍应用在电气自动化控制系统检修方面的方式，包括现场检修电气设备、在实验室检修电气设备等方式，这些方式有效地提升了维修电气设备的效率。在电气设备运转的情况下，通过实验室检修电气设备这一方式可以达到检测电气设备的失效数据、运转实效等数据信息内容的目的。与其他方式相比，在实验室检修电气设备这一方式可以准确地掌握电气设备的运转状况，从而找到电气设备中存在的安全隐患。但是，在实验室检修电气设备这一方式也存在较多问题，如干扰要素较多、成本费用较高等，中小型企业无法有效应用这一方式。现场检修电气设备方式与实验室检修电气设备方式相比，是一种十分常见的检修方式。现场检修电气设备方式是指，检修人员在电气设备运转的条件下完成设备的维修工作。这一方式采用的检测手段包含脱机测验、在线稳定测验、停机测验等。其中，检测时将电气设备的一部分零部件拆卸，即脱机测验；在电气设备运转的过程中完成稳定测验，即在线稳定测验；在设备停止运转时检验电气设备性能，即停机测验。现场检测电气设备技术与实验室检测电气设备技术相比，实行难度较高，要求检修人员必须具有优秀的维修能力。

综上所述，不同的维修方式既具备优点也存在缺点，检修人员为有效地完成设备检修的工作，应该依据实际情况选用合适的检修方式。

第二节　电气自动化控制系统的特点、功能及应用价值

电气自动化控制系统的广泛应用，给人们的生产和生活带来了极大的便利。与其他控制系统相比，电气自动化控制系统的应用有效地节省了人力成本，提高了人们的工作效率，使人们的生产和生活变得更高效，也使人们拥有足够的时间和精力去享受生活。现阶段的电气自动化控制系统结合了计算机网络、智能仿真、电子等多项技术，涵盖面广，适用于多个领域，特别是在建筑领域、电力领域、工业生产领域，其效率与性能得到了充分的发挥。需要注意的是，电气自动化控制系统在不同的国家、地区、行业中所涉及的硬件设施、软件技术和设计方案上都存在很大的不同，这也是应用电气自动化控制系统的难点所在。为此，我们有必要分析电气自动化控制系统的特点、功能及应用价值，以便后续能较好地对这一系统进行设计。

一、电气自动化控制系统的特点

有关研究报告指出，变电站综合电气自动化控制系统除要在每个控制保护单元中保留紧急手动操作和跳合闸的措施，其余的全部报警、测量、监视等功能均可通过计算机监控系统来实现。这样一来，变电站就可以不用依靠配置其他设备，并且不需要人工值班，只需要通过计算机监控系统就能够实现遥控、遥测、遥调、遥信等功能，从电气自动化控制系统的创新方式来说，电气自动化控制系统的优点众多，具体内容如图 7-2 所示。

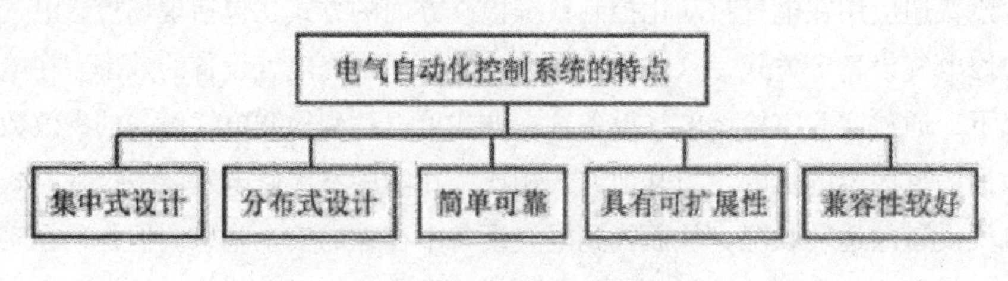

图 7–2　电气自动化控制系统的特点

（一）集中式设计

在传统的电力系统中，各工作环节皆以独立的方式存在并运行，如电力安全维护、电力分配等环节。这种分散的运行方式给电力系统管理人员的工作带来了一定的困难。电气自动化控制系统应用到电力系统后，将在系统中构成一个集成平台，从而实现对电力系统中各独立分散环节的集中管理，便于系统管理人员对其进行统一管理，提高了电力系统的维护和管理效率。此外，电气自动化控制系统以集中式立柜结构与模块化理论为基础，使各控制保护功能全部集中于专用的采集与控制保护柜中，在保护柜中能够进行报警、测量、保护、控制等所有的信号处理工作，再将其处理为数据信号后，就能够运用光纤总线运送到主控室用于监控的计算机系统中。

（二）分布式设计

电气自动化控制系统以分布式开放结构和模块化途径作为基本的运用途径，这种运用能够使系统全部的保护功能都分布在开关柜中或尽量靠近保护柜的保护单元上，在本地单元中就能够处理报警、测量、保护、控制等所有信号，再将其处理为数据信号后，就能够通过光纤总线运送到主控室中用于监控的计算机系统中。

（三）简单可靠

电气自动化控制系统以多功能继电器替代了传统的继电器，大大简化了接线工作。其中，分布式设计大多数采用在主控室与开关柜间进行接线；集中式设计的接线则仅限于在主控室与开关柜之间，其特点是操作简便。

（四）具有可扩展性

为了应对用户未来对电力要求的增加、变电站规模的增大、变电站功能的扩展等方面的要求，电气自动化控制系统的设计必须具有可扩展性。

（五）兼容性较好

电气自动化控制系统由标准化的软件和硬件组成，其还配备标准的就地的I/O接口与穿行通信接口，使用户能够按照自身个性化的需求进行变动。此外，为了适应计算机技术的高速发展，电气自动化控制系统中也配置了许多特别简便且易使用的软件。这样一来，电气自动化控制就具备了很强的兼容性。

综上所述，电气自动化控制系统的高速发展与其自身的特征是相适应的。具体而言，每个电气自动化控制系统都有与其相配备的控制设备，利用软件程序与每一个应用设备相配合，而且不同的设备都有不同的地址代码，每个操作指令只能控制配对的那个设备，在发出操作指令时，操作指令会立即反馈到对应的设备。这种指令的传递高速且精准，不仅可以保证信息的即时性，还能保证信息的精确性。[①]

电气自动化操作与人工化操作相比，发生操作错误的概率会大大降低。也就是说，电气自动化控制系统的应用使生产操作可以又快又好地完成。不仅如此，对热机设备而言，

① 沈妹君．机电设备电气自动化控制系统分析 [M]. 杭州，浙江大学出版社，2018.

电气自动化控制系统的操作频率较低，并且操作快速、高效、准确，这得益于它的控制对象少、信息量小。与此同时，为了保障系统更稳定、获取的数据更精确，电气自动化控制系统中配备的电气设备都拥有高效的自动保护装置。这种装置不仅可以降低或消除大部分干扰因素的作用，而且反应快。此外，大多数电气自动化控制系统连接的电气设备都具有连锁保护装置，这一系统化的措施保证了该系统在生产过程中对各个环节的有效控制。

作为一种新兴的工艺技术，电气自动化控制系统最大的作用是解决了在恶劣的环境下人力不能完成的工作、无法解决的问题。例如，长时间在温度极高或极低的条件下工作，或者在有辐射的环境下工作，劳动者的身体会受到不同程度的损害。而借助电气自动化控制系统能够只依靠机器来完成这些工作，很大程度上节省了人力、物力，保障了劳动者的健康，进一步提高了工作效率，为企业减少了一些不必要的损失，显而易见，电气自动化控制系统的应用给企业带来的益处数不胜数。

二、电气自动化控制系统的功能

电气自动化控制系统所具有的众多技术中，最重要的就是控制技术。为保障电气自动化控制系统可以有效地对变压器、发电机等设备实施控制，电气自动化控制系统要具备以下功能：直流系统监视、发电机组控制与操作；自动装置控制高压变压器；低压电源监视和操作，高压电源监测和操作；开关自动手动切换；发电机励磁系统控制方式切换、稳定器投退、增减磁操作、灭磁操作；发电机励磁变压器保护控制；发电机变压器隔离开关和断路器的操作控制。此外，为了保障线路运行的稳定性与安全性，电气自动化控制系统中应该设计一个回路结构。

总的来说，电气自动化控制系统的功能主要包含以下四点内容，其示意图如图 7-3 所示。

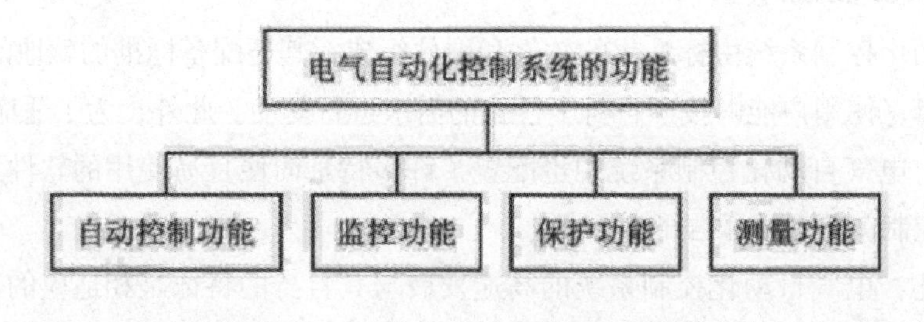

图 7-3　电气自动化控制系统的功能

（一）自动控制功能

高压和大电流开关设备的体积较大，一般采用操作系统来控制分、合闸，特别是当电气设备出现故障时，需要开关自动断开电路，这就需要操作系统具备能够对供电设备进行控制自动控制的功能。而电气自动化控制系统就具备出现问题时及时终止操作，进而避免危险的发生的功能，所以说，电气自动化控制系统所有功能中的重中之重是自动控制功能。

（二）监控功能

电气设备中的电势能具有非常重要的影响，但其影响人类无法通过肉眼感知，由于人类无法通过观察发现电气设备是否断电，这时电气自动化控制系统中的监控功能就发挥了作用，它可以通过传感器将设备信息反馈给操作者，进而使操作人员全面了解设备的使用情况。

（三）保护功能

因为电气设备材质、使用年限、存放环境的不同，电气设备在使用中常常会出现意料之外的故障，如电流、电压和功率可能会超出电气设备限定的安全范围。如果使用传统的生产系统，只有在危险发生时，操作人员才能感知到危险。而电气自动化控制系统可以自行收集故障反馈，并根据线路与设备的真实情况，采取适当的处理保护措施，这正是电气自动化控制系统保护功能的体现。

（四）测量功能

灯光和音响信号只能定性地表明设备的工作状态（有电或断电），如果想定量地知道电气设备的工作情况，还需要有各种仪表测量设备和线路的各种参数，如电压、电流、频率和功率的大小等。电气自动化控制系统就具备测量功能，能够大大节省企业的成本。

综上所述，在电气设备操作与监视过程中，虽然传统的操作组件、控制电器、仪表和信号等电气设备大多可以被电脑控制系统及电子组件所取代，但这些电气设备在小型设备和就地局部控制的电路中仍有一定的应用范围，这也是电路实现微机自动化控制的基础。现代化的电气自动化控制系统已经具备了全面化的功能，为社会生产发展带来了极大的便利，不仅提高了产业的生产率，还保障了工作人员的人身安全。由此可见，加快我国电气自动化控制系统的普及化发展，对实现我国工业强国发展目标具有一定的积极作用。

三、电气自动化控制系统的应用价值

因为电气自动化控制系统能有效地控制设备，并实现无人化管理，既规避了安全风险，又提高了工作效率，所以电气自动化控制系统的应用范围越来越广。在这种情况下，加强对电气自动化控制系统应用价值的研究就变得十分迫切。电气自动化控制系统的应用价值体现在以下几个方面，具体内容如图 7-4 所示。

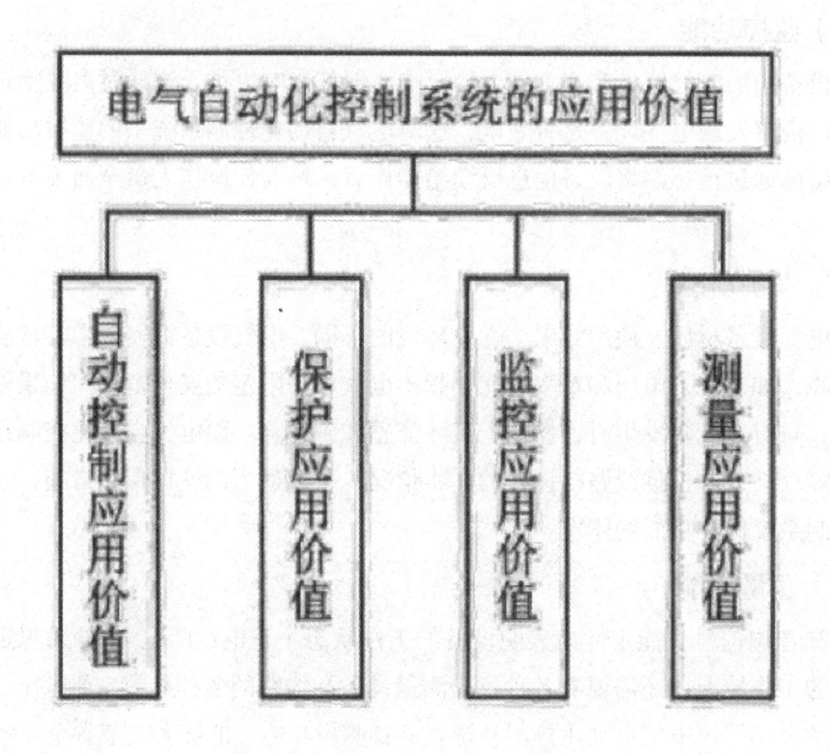

图 7–4　电气自动化控制系统的应用价值

（一）自动控制应用价值

电气自动化控制系统最重要的应用价值就是自动控制价值，这一应用价值使其广泛地应用于人们生产和生活的各个领域。例如，在工业生产中，操作人员仅仅输入需要预期的控制参数，电气自动化控制系统就可以指定机械设备自行工作，极大地减少了操作人员的工作量，提高了生产质量和效率。电气自动化控制系统在完成指定任务后，具备自行切断电力供给的功能，有效地解决了人工操作可能会受到干扰因素影响而不能及时控制生产过程的问题。此外，操作人员还能在电气自动化控制系统中输入参数，设置自行期望的运行时间，在合理安排时间的前提下，既节约了操作人员的时间，又保证了劳动生产效率。

（二）监控应用价值

电气自动化控制系统具备监控应用价值。电气自动化控制系统与计算机技术相结合后，操作人员可以直观地了解当前设备运行的功率、电流、电压情况，并设置这些参数的安全范围。一旦实测值超过设定范围，电气自动化控制系统会立即拉响监控警报，从而使操作人员可以通过互联网远程操作解除故障，避免事故的发生。

（三）保护应用价值

在传统的工业生产中，无论是人还是仪器，都容易受到外界因素的影响。例如，供电线路老化、设备失灵、生产环境不合格等现象，会造成生产延误甚至损坏仪器、损害操作人员健康的现象。此外，传统的人工检修也不能全面、细致地检查电气设备，致使其安全隐患问题层出不穷。而电气自动化控制系统完美地解决了上述一系列问题。当线路出现问题或设备发生故障时，电气自动化控制系统可以自行选择针对性的保护测试，及时终止当前操作，并提示故障位置。总的来说，电气自动化控制系统的保护作用在避免事故发生的同时，最大限度地减少了经济损失，保证了操作人员的生命安全。

（四）测量应用价值

在工业生产中，传统的测量方式是由操作人员借助自身的感官来完成的，如通过看、听、摸、闻等方式获得工作数据。因为人的身体状况是时刻发生变化的，这种测量方式难免会出现测量误差，而工业生产计算出现一点失误就可能会造成重大的生产事故。相对地，电气自动化控制系统能够对电流、电压等电气设备进行科学、全面的检测，其获得的数据更加准确有效，便于及时对各项数据进行记录统计，为操作人员后续的工作计划提供参考，更加符合科技改善生产的理念。

第三节　电气自动化控制系统的设计

一、电气自动化控制系统设计中存在的问题

（一）设备的控制水平比较低

随着社会的发展，电气自动化控制系统应持续更新换代，电气行业的设备同样需要不断地完善和创新，这就需要生产厂商对设备数据进行实时更新。但是，受技术工作落后等因素的影响，设备的控制技术普遍较差，在导入新数据时常常受到阻碍。在此背景下，操作人员不能对设备数据进行理想的控制。因此，电气自动化控制系统需要持续更新、加强自身对设备的控制能力。

（二）控制水平与系统设计脱节

电气设备的使用年限和功能与电气设备的控制水平相关。设计电气自动化控制系统的目的在于使之更好地适应电力企业的需要，因此在系统设计的初始阶段，要充分考虑系统的适用性，对相应的零部件和系统软件进行符合电力企业需要的专业化检测，使设计出的电气自动化控制系统能够在符合电力企业需要的基础上，发挥出更好的作用。但是，现阶段电气自动化控制系统大多为一次性开发，不能满足电气企业的后续需求，由此导致系统设计与控制水平脱节。对此，电气设备的生产厂商应逐步提高自身设备的控制能力，使电气设备符合现代化电气自动化控制系统的需要。

（三）自动化设备维护更重要

一个人如果持续高强度工作，其身体机能就会受到一定程度的影响，如果出现了小问

题后又选择忽视，长此以往，小问题就会积累成大问题，进而影响人的正常生命活动乃至危及个人生命安全。电气自动化控制系统亦是如此。自从电气自动化控制系统走进工厂后，工厂电气设备运行的稳定性、安全性和效率都得到了极大地提高，在减少了操作人员的工作量的同时，还保证了一定的生产效率。即便如此，操作人员使用电气自动化控制系统的过程中，也面临一些问题，具体包括以下三点。

第一，由于自动化设备更新速度较快，在仪器出现问题后，不能及时购买到所需的配件，导致电气自动化控制系统不能及时更新。

第二，市场中缺乏精通电气自动化技术的专业型人才，当电气自动化控制系统出现问题时，没有专业型人才提出有效的解决方案，导致问题不能得到及时有效的解决。

第三，电气自动化控制系统的理念较为先进，仍然需要一定的时间才能被大众所接受。

总而言之，在电气自动化控制系统广泛应用的今天，加强对电气自动化控制系统的设计，可以使电气自动化系统得到更广泛的应用。

二、电气自动化控制系统的设计理念

（一）电气自动化控制系统设计理念的形成

设计一个完整的电气自动化控制系统需要考虑诸多因素，如要实现对各个控制部分进行充分的保护，在紧急状况下要能够通过手动的方式操作系统，要具备跳闸和合闸的手段，对于电力系统有监视—控制—报警—测量的过程，利用先进的计算机技术实现对系统的监控。也就是说，在设计电气自动化控制系统的过程中必须考虑分布式设计、集中式设计、可靠性、可扩展性、兼容性等因素。

当前，电气自动化控制系统对电气设备的监控方法主要有三种，即现场总线监控、远程监控与集中监控，这三种方法分别起到了远程监测、集中监测与针对总线监测的作用。下面将对采用这三种方法设计的电气自动化控制系统进行详细的介绍。

采用集中监控方式的电气自动化控制系统的设计尤为简单，对防护设施的要求较低，只用一个触发器进行集中处理即可。只用一个触发器虽然可以方便维护程序，但是增加了处理器的工作量，降低了其处理速度。此外，如果采用集中监控方式对所有电气设备进行监控就会降低主机的效率，投资成本也会因电缆数量的增多而有所增加。此类系统还会受到长电缆的干扰，如果生硬地连接断路器也会无法正确地连接到辅助点，给操作人员的查找带来很大的困难，造成一些无法控制的情况。

采用远程监控方式的电气自动化控制系统的弊端在于，较大的通信量会降低各地通信的速度。采用远程监控方式的优点也有很多，如灵活的工作组态、节约费用和材料、可靠性较高等。总体来说，采用远程监控方式的电气自动化控制系统无法充分体现电气自动化控制系统的特点。

采用现场总线监控方式的电气自动化控制系统结合了以上两种设计方式的优点，并对其存在的缺点进行了有效改良，使之成为一种最有保障的设计方式，电气自动化控制系统的设计理念也随之形成。

（二）电气自动化控制系统设计理念的内容

电气自动化控制系统的设计理念主要包含以下内容。

第一，将集中监控方式应用于电气自动化控制系统，在帮助操作人员完成利用中心处理器对整个控制系统信息的搜集与处理的工作时，使电气设备可以得到较好地管控。

第二，将远程监控方式应用于电气自动化控制系统，可以帮助操作人员在异地收集设备的使用信息，了解设备的实时情况，方便其根据工作的具体内容对设备发出不同的操作指令。

第三，将现场总线监控方式应用于电气自动化控制系统，方便集中控制，进而实现有效监控。

从电气自动化控制系统的实际应用来看，无不体现着电气自动化控制系统的核心设计理念，并获得了一定的效果。因此，在实际设计电气自动化控制系统时，应时刻结合设计理念，采取合适的监控方式。

三、电气自动化控制系统的设计流程

电气自动化控制系统在机电一体的产品中具有重要的作用，机电一体设备往往通过电气自动控制系统对设备进行运行控制。在设计电气自动化控制系统时，首先，根据相关规定，确定电气自动化控制系统的设计流程；其次，根据生产内容，制订出电气设备自动化控制的工作流程；最后，选择适合的软件和硬件。因为设计电气自动化控制系统时，经常会面临较为复杂的设计过程，所以设计者要从实际角度出发进行设计工作，结合集中监控、远程监控、现场总线监控的方式，形成科学、高效的电气自动化控制系统工作流程。

四、电气自动化控制系统的设计方法

研究表明，现阶段主流的电气自动化控制系统设计方法大致有三种，即集中监控、远程监控、现场总线监控。上述三种方法各有其设计特点，在实际的应用中，企业可以依据自身的需求做出选择。

（一）集中监控

如果电气自动化控制系统采用集中监控方法设计，就需要将系统的多个功能集中到一起处理。集中监控法可以为系统提供便捷的维护方式，对控制站没有较高的防护要求。但采用集中监控方法的电气自动化控制系统中的断路器的连锁和隔离刀闸的操作闭锁采用硬接线，在实际应用中，常常因为隔离刀闸的辅助接点位置不正确，致使设备不能正常运作。另外，采用这一方法设计的电气自动化控制系统的处理器需要处理繁重的任务，处理速度会有所降低；系统需要监控全部的电气设备，主机会出现冗余现象，为实现监控目的，电缆数量也会增加，从而增加了投入成本；接入较长距离的电缆会使系统受到更多因素的干扰；这种接线方式的二次接线较为复杂，工作人员查线时十分不便，加大了工作人员的维护工作量以及增加工作人员出现错误操作的可能性。

综上所述，采用集中监控方法设计电气自动化控制系统时，其核心思想是把握好设计环节中的优势，充分体现各部分的功能，满足企业实际的生产要求，确保我国电气行业的可持续发展。

（二）远程监控

远程控制作为最早的自动化系统装置，由电子管、电话继电器等分立元件组成，主要使用模拟电路。如果电气自动化控制系统采用远程监控法设计，仅仅依靠硬件就能够完成，能确保系统在安全的环境下正常运行，对变电站自动化水平的提高起到了一定的积极作用。这样设计的电气自动化控制系统具有组态灵活性、高可靠性、节约性等优点，但因为系统中各个装置之间是独立工作的，所以系统不具备判断故障的能力，也就是说，如果电气设备在运行过程中出现了故障，系统无法提供警告信息，严重时可能会破坏电网的整体安全。此外，采用这种方法设计的电气自动化控制系统中使用了多种现场总线（CAN 总线、Lonworks 总线等）技术，系统的通信速度不快，而电厂中电气自动化控制系统有着较大的通信量，所以这一设计方法不适用于构建大范围的电气自动化控制系统，仅适用于构建小范围的电气自动化控制系统。

（三）现场总线监控

在科学技术的推动下，现阶段的智能化电气设备普遍得到了快速的发展，计算机技术也被广泛应用于变电站的综合电气自动化控制系统，它们共同推动了电气自动化控制系统的稳步发展。如果电气自动化控制系统采用现场总线监控方法，应用以太网、现场总线等新型计算机网络技术，使系统具备较强的针对性，而且不必设置端子柜、I/O 卡件、模拟量变送器等一系列的隔离设备，多个电气设备之间通过网络信号进行协调配合，组合形式灵活、多变，系统具备较强的可靠性。因为不同电气设备的工作性质不同，所以采取这一方法设计电气自动化控制系统时，应根据实际的使用情况进行设计，以发挥各设备独特的功能。另外，采用现场总线监控设计方法设计的电气自动化控制系统中，如果单一装置出现问题，仅仅会影响对应的部件，不会对整个系统造成影响。由此可见，在科技飞速发展的今天，采用现场总线监控方法设计的电气自动化控制系统将是今后发展的方向。

五、电气自动化控制系统的细节设计

（一）线路

设计电气自动化控制系统时，必须由专业人员设计系统中的线路。这是因为电气自动化控制系统的线路十分复杂，系统的应用效果取决于线路的设计，所以设计人员必须注重线路的设计，这是电气自动化控制系统最核心的设计环节之一。此外，如果线路缺乏科学合理的设计，就会导致电气自动化控制系统中其余组成部分无法有效运作，给企业造成不必要的损失。因此，设计人员务必要综合考虑电气自动化控制系统中的不同要素，设计出最科学、最合理、最有效的线路，以确保电气自动化控制系统的正常运行。设计人员首先要制定全方位的信息内容，并在制定过程中，向系统中录入相关的数据信息，如材料运作状况、工程实况等；最后，要根据设计图纸使电气自动化控制系统生成数据信息，确保操作人员可以利用数据信息判定出线路的实际走向，促进操作人员对策略计划进行有效的设计、实施与改善。

（二）继电器

对继电器进行保护，是电气自动化控制系统设计继电器体系的主要目的。设计人员在设计原理图的过程中，只需要根据自身的需求选取合适的零部件，完成原理图的设计即可，不需要依据原有的点和线进行描绘。设计人员也可利用计算机完成设计任务，在计算机中绘制出选取的零部件，然后利用线将其进行连接。计算机在设计结束后，既可以自行对相关的数据进行运行，还可以协助设计人员依据实际状况修改原理图，选择最为恰当的设计进行运用。设计电气自动化控制系统的继电器体系时，要确保系统可以对不同类型的零部件数据信息进行有效的存储，因为当计算机有效运行时，依靠的便是这部分零部件的数据。

此外，为了确保计算机系统的与时俱进，避免系统版本过低的情况，电气自动化控制系统需要在对市场数据信息进行更新的同时，更新计算机系统。

（三）计算机辅助软件

在设计电气自动化控制系统时，设计人员可以借助计算机辅助软件达成最终目的。对于电气自动化控制系统的设计而言，常用的计算机辅助软件有两种：一种是常规使用的软件，另一种是专门的电气设计软件。经过近几年的持续改革，已经有大量的计算机辅助软件可以应用在电气自动化控制系统的设计中，如 FFT、TElec、CAD 等。初学者设计电气自动化控制系统时，可以选用 FFT 软件，因为该软件的操作较为简单。TElec 是计算机辅助软件中的一种最典型的软件，常用于设计建筑的电气自动化控制系统中，不仅可以对有关避雷针的内容进行核算，还能描绘配电绘图，充分保障电气自动化控制系统的完善性。CAD 软件是除 TElec 软件之外一种最典型的计算机辅助软件，其具有操作简单、适合新手使用等特点，是制图型的软件。而且，因为 CAD 软件具有显著的开放性，可以实现图像不同格式间的快速转换，所以，设计人员设计电气自动化控制系统时，普遍选用 CAD 软件。需要注意的是，为了达到计算机由平面转换为立体的目的，在运用 CAD 制图软件设计电气自动化控制系统的过程中，需要在计算机上连接接口。这样做既合理地降低了设计人员的工作强度，也减少了设计人员的工作量。

综上所述，随着现阶段科学技术的持续发展，不管在设计电气自动化控制系统的过程中选用哪种计算机辅助软件，都可以促进电气自动化控制系统的发展与革新，同时计算机辅助软件的功能也会在持续发展的科学技术的带动下得以成熟和健全。因此，设计电气自动化控制系统时，科学合理地选用计算机辅助软件必定可以促进电气自动化控制系统的优化，提升电气自动化控制系统的质量和效率。

六、电气自动化控制系统的优化策略

为了便于读者理解，下面介绍几种电气自动化控制系统的优化策略，具体内容如图 7-5 所示。

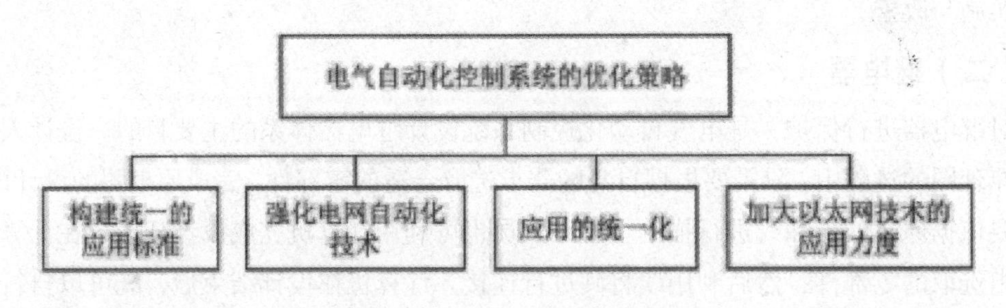

图 7–5　电气自动化控制系统的优化策略

（一）构建统一的应用标准

随着电气自动化技术的发展，虽然我国电气自动化控制系统的水平得到显著的提升，但与国外发达国家相比较还存在一定的差距。相关学者开展研究时，应该与我国电力体系的实际状况相结合，构建应用电气自动化控制系统的具体标准，提升应用电气自动化控制系统的成效。例如，国内不同的生产厂家对同一种电气设备采用不同的应用标准，导致市场上的电气设备无法兼容，不能接人同一个电气自动化控制系统。对此，相关学者应该加强构建统一的电气自动化控制系统应用标准，并积极推动该标准的普及使用。

此外，现今社会中的市场中缺乏共享资源的认知，不同的生产厂家应该加强彼此间的交流与合作，不断满足逐渐多元化的市场发展需求。只有这样，不同的生产工厂才可以在健全的电力体系中，依据现有的技术标准对电气自动化控制系统进行优化，加强企业对电气自动化控制系统的应用。

（二）强化电网自动化技术

在国内不同区域的电力公司中，已经普遍采用电网技术，但是在应用电网技术的过程中，无法有效地应用电网自动化技术。造成这一现象的主要原因在于，电气自动化控制体系没有实现电气自动化控制系统配电技能的自动化。只有电气自动化控制系统实现配电技能的自动化，才能够完成运用电网自动化技术的目的，电网才能实行智能配备。对此，工作人员可以利用电气自动化控制系统中的电脑软件，分析不同地区的电网数据信息，实时监控电网的计算构造；后期，如果工作人员需要查找电网的数据信息，可以利用体系运转的具体状况，借助电网自动化技术的准确性，来优化电气自动化控制系统。

（三）应用的统一化

工作人员应该统一处理电气自动化控制系统中的不同环节，如统一施行数据计算、控制技术，以提升电气自动化控制系统的稳定性。在国内以往的电力体系中，不同的部门各司其职，其中需要实行人工管理的主要包括统筹分配、电力体系安全性、维护维修电力体系等。人工管理的形式存在一定的约束性，无法有效地提升管理的效率，从而导致电气自动化控制系统的管理效率过低，使维修人员无法及时、有效地发现和判定电力体系的故障。这种情况既会造成我国的物力、人力等资源的严重浪费，也无法提高电气自动化控制系统的管理成效，过于耗力、耗时。而统一应用电气自动化技术后，不仅充分提升了电气自动化控制系统的管理成效，也处理了电气自动化控制系统的具体内容。

（四）加大以太网技术的应用力度

工作人员可以在电气自动化控制系统中应用以太网技术，可以快速分辨和处理系统中的数据信息内容，提升系统的运行效率。电气自动化控制系统中应用以太网技术的主要原因在于，系统运行的过程中会形成大批量的数据信息，使用传统的人工处理手段处理数据信息内容时，无法满足多元化的系统管理要求，而用太网技术可以有效地解决这一问题。对此，工作人员应加大在电气自动化控制系统中对以太网技术的应用力度。

第四节　电气自动化控制系统可靠性测试及分析

一、加强电气自动化控制系统可靠性研究的意义

电气自动化技术的水平是一个国家电子行业发展水平的重要标志，也是经济运行必不可少的技术手段。电气自动化控制系统具有提高工作的可靠性、提高工作的经济性、保证电能质量、提高劳动生产率、改善劳动条件等作用。随着电气自动化技术水平的提高，电气自动化控制系统的可靠性问题成为亟待解决的问题。

电气自动化控制系统的可靠性会对企业的生产产生直接影响。因此，在实际应用电气自动化控制系统的过程中，专业技术人员必须切实加强对电气自动化控制系统可靠性的研究，结合影响因素，采取针对性的措施，不断强化可靠性。

（一）增加市场份额

在经济飞速发展的今天，人们对于电气自动化控制系统的需求量大大增加，因此电气自动化控制系统除了要具备较好的性能之外，还要具有一定的可靠性。为此，企业只有随着电气自动化控制系统的更新换代不断增强自身系统的可靠性，才能抢占市场份额，使自

身的电气自动化控制系统在激烈的市场竞争中脱颖而出。

（二）提高产品质量

产品质量是产品价值的重要体现，生产厂家可以通过提高电气自动化控制系统的可靠性来保证产品质量。这是因为如果提高电气自动化控制系统的可靠性，系统发生故障的概率会降低，维修费用得以减少，生产的产品的质量自然提高。因此，提高电气自动化控制系统的可靠性是每个生产厂家为之不懈努力的奋斗目标。

二、提升电气自动化控制系统可靠性的必要性

为了保证电气自动化控制系统能为生产提供帮助，提高生产效率，在实际的操作中，操作人员应该充分意识到提升电气自动化控制系统可靠性的必要性。

总的来说，提升电气自动化控制系统可靠性的必要体现在以下几点。

首先，电气自动化控制系统可靠性的提升可以使生产环节安全且高效的开展。为了满足消费者各方面的需求，现代企业在产品的生产过程中一般都会应用电气自动化控制系统。这是因为电气自动化控制系统能够提高产品的生产效率，提升产品的技术含量。由此可见，提升电气自动化控制系统的可靠性能保证企业的产品生产处于一个良好的状态。

其次，电气自动化控制系统可靠性的提升可以提升产品质量。产品质量是企业的命脉，企业要想在激烈的市场竞争中站稳脚跟，就要在实际的生产过程中把重点放在提升产品质量上。而产品质量的提升是以现代科学技术的发展为基础，特别是支持电气自动化控制系统的电气设备，因此，只有提升电气自动化控制系统的可靠性，才可以保证提高所生产产品的质量，最终提升企业的核心竞争力。

最后，电气自动化控制系统可靠性的提升可以降低企业的生产成本。成本影响着经济效益，在企业生产的过程中若应用了可靠性不高的电气自动化控制系统，势必会造成高额的维修成本，减低企业的经济效益。因此，企业要想实现快速生产且降低成本的目标，就要提高对电气自动化控制系统的维护与保管，提升其可靠性。

三、影响电气自动化控制系统可靠性的因素

要想提升电气自动化控制系统的可靠性，就要全方位对电气自动化控制系统进行审视，分析影响其可靠性的因素，只有这样才能采取有效的方式提升电气自动化控制系统的可靠性。通常，影响电气自动化控制系统可靠性的因素分为内在因素和外在因素。

（一）内在因素

设备元件会对电气自动化控制系统的可靠性产生直接影响。事实上，设备元件的质量是电气自动化控制系统正常运行的根本，如果设备构件没有达到检验部门的合格标准，那么由该构件所组成的电气自动化控制系统也就很难达到合格的要求。因此，相关人员在采

购过程中如果只考虑构件的价格而忽略了元件的具体质量，从一些规模小的生产厂家采购一些质量低下、不符合检测标准的元件，就会在一定程度上对电气自动化控制系统的可靠性造成影响。

由此可见，设备元件质量是影响电气自动化控制系统本身可靠性的内在因素。质量不达标的设备元件使电气自动化控制系统不能在恶劣的环境下有效地运行，也不能够抵抗电磁波的干扰。

（二）外在因素

1. 工作环境

电气自动化控制系统的工作环境比较复杂，如电磁干扰、气候条件（包括温度、湿度、大气污染和气压等因素）、机械相互作用力等环境因素，都会对电气控制设备的性能产生影响，可能会造成电气自动化控制系统温度升高、运作不灵活、结构破坏甚至无法运行。

2. 机械条件

此外，影响电气自动化控制系统可靠性的外在因素还包括机械条件。机械条件主要是指控制设备在不同运载工具使用过程中出现的问题，如冲击、振动或离心加速度等。这些问题会导致设备元件出现问题或受到损害，如断裂或变形等，最终影响电气自动化控制系统的可靠性。

3. 人为因素

除上述两个因素外，人为因素也是影响电气自动化控制系统可靠性的外在因素之一，工作人员不能够完全胜任电气自动化控制系统的设备操作与管理工作，使得电气自动化控制系统的运行长时间处于超负荷的状态，或在系统出现异常后不能及时进行有效的处理；还有一些工作人员在实际的操作过程中不能够进行规范操作，最终使电气自动化控制系统的性能得不到充分的发挥，从而影响了可靠性。

四、电气自动化控制系统可靠性测试方法

一个科学的测试电气自动化控制系统可靠性的方法具有重要的意义，我们应对电气自动化控制系统做出客观真实的评价。在我国电器行业人员的共同努力下，国家电控配电设备质量监督检验中心结合我国现状提出了一系列测试电气自动化控制系统可靠性的方法，下面总结了在实际应用中较为常用的三种方法，具体内容如图 7-6 所示。

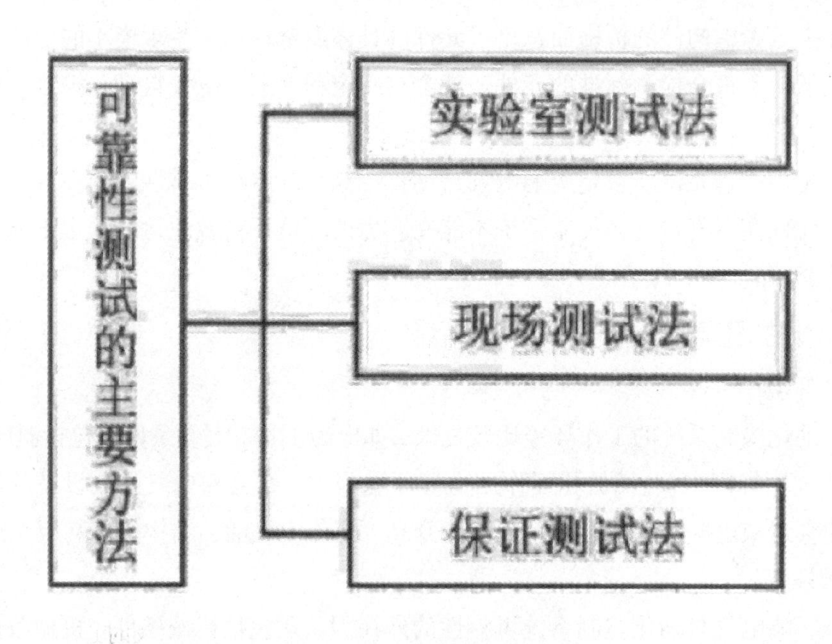

图 7-6　可靠性测试的主要方法

（一）实验室测试法

实验室测试法是依据可靠性模拟的一种测试法，它利用可以改变的工作条件和环境对电气自动化控制系统进行现场模拟，以便检测电气自动化控制系统近期的实际运行状况，并记录相关数据，进而总结出电气自动化控制系统的可靠性指标。总而言之，实验室测试法是通过建立可控的产品工作环境来模拟实际条件，在模拟的环境下对被测样品进行试验，如此反复操作并记录相应的产品技术参数，对得出的数据进行统计和数理分析，进而得出结论的一种方法。

因为该测试法可以有效模拟生产环境，并且观察记录的数据具有一定的真实性，所以测试人员可以对数据进行统计分析。但是，由于在实验室测试的环境中，较难做到与实际条件完全一致，并且实验成本较高，在选择这一方法测试电气自动化控制系统的可靠性时，应该着重考虑实验品的成本因素和生产批量。

（二）现场测试法

现场测试法是指在现场对电气自动化控制系统的可靠性进行测试，并且记录检测结果，最终根据检测结果得出可靠性指标。这种测试方法与实验室测试法类似，但是实验室测试法可以模拟多种环境，而现场测试法只能测试一种环境。与实验室测试法相比，现场测试法有自身的优势，具体包括：测试过程不需要太多的测试设备；现场测试是在电气自动化控制系统应用过程中进行的实际测量，因此测量出来的数量能够反映出电气自动化控制系统最真实的情况，可以在一定程度上降低测试成本；运行中的电气自动化控制系统在接受可靠性测试时不会发生任何损坏和受到任何影响，如果计算后得出的可靠性指标在应用标准范围内即可以出厂。现场测试法的缺点是不能有效地控制测试环境，容易受外界因素的影响。因此，该测试法的再现性不如实验室测试法。

现场测试法具体可以分为三种类型。

（1）可靠性在线测试，是指在被测系统运行中进行的测试。

（2）停机测试，是指在被测系统停止运行时进行的测试。

（3）脱机测试，是指将被测系统取出，放置在专门进行检测的环境中进行的具备一定可靠性的测试方法。

单就测试技术进行分析可以发现，后两种测试方法较为简单。但在实际的使用过程中，电气自动化控制系统为提供全面的功能，系统设计较为复杂，只有保证电气自动化控制系统处于运行状态下，才能精确地找到问题的所在，因此宜使用现场测试法。在实际的现场测试中，工作人员应根据故障的真实情况确认是否应该立即停机并选择哪种测试方法。

（三）保证测试法

保证测试法就是通常所说的“烤机”，是指在产品投入使用之前，按照既定的条件，对产品进行无故障测试。一般情况下，电气自动化控制系统的内部构造相对复杂，其发生故障的原因和方式具备一定的随机性，并且故障的表现形式多样、故障次数星指数分布，或者说失效率是根据时间的增长而提高的。因此，“烤机”实际上就是在产品出厂前对产品进行的检验，本质上是测试产品的失效情况，通过检验结果对产品进行持续地改善更新，保证产品的失效率能够符合相关指标规定的重要实验方法。因为测试电气自动化控制系统的可靠性需要花费一定的时间，所以对于大批次的产量产品而言，该方法仅适应用于检测产品的样本；如果产品产量较少，则可以将此种测试法应用于所有被测产品。需要注意的是，采用保证测试法测试电气自动化控制系统的可靠性时，适用于电路相对复杂、对可靠性要求较高、电气设备数量不多的电气自动化控制系统。

五、电气自动化控制系统可靠性测试流程

在测试电气自动化控制系统的可靠性时，应对测验产品、实验环境、实验场所和实验程序进行科学、严谨的考察与分析，具体流程如图 7-7 所示。

图 7–7　电气自动化控制系统可靠性测试流程

（一）实验场地的确定

在选择电气自动化控制系统可靠性测试的场地时，应充分考虑可靠性测试的目标。当待测试电气自动化控制系统的可靠性高于指定的指标时，应选择最严谨的实验场所作为试

验测试场所；当待测试的电气自动化控制系统处于常态时，应选择真实的工作环境作为试验测试场所；当测试电气自动化控制系统是为了获取对比性数据的资料时，应该考虑与系统运行相似或相同的场所作为测试场所。

（二）实验环境的选取

因为电气自动化控制系统具有特殊性，所以不同类型的系统有不同的工况需要进行对比。在测试电气自动化控制系统的可靠性时，可以选择非恶劣条件的实验环境，在这种状况下进行的测试，可以保证电气自动化控制系统在一般性能力之下，由此获得的系统可靠性测试结果更具客观真实性。

（三）实验产品的选择

在测试电气自动化控制系统的可靠性时，应选择具有代表性的多个产品，如纺织、矿井、化工和造纸等领域的电气控制系统；分析电气自动化控制系统的实验规模时，应对大型、中型和小型系统进行区别分析；分析电气自动化控制系统的运行状况时，应对间断运行系统和连续运行系统进行分析。

（四）实验程序

在测试电气自动化控制系统的可靠性时，应在专业实验技术员的指导下，根据规定的程序进行。首先，确定记录的开始时间和结束时间；其次，按照固定的时间收集、记录实验数据；最后，根据电气自动化控制系统的可靠性指标，制定一系列保障措施，避免系统产生故障。只有在严格、科学、规范的条件下进行系统的可靠性测试，才能保证实验所获得的数据具备一定的准确性和可靠性。

（五）实验组织工作

在测试电气自动化控制系统的可靠性时，最为关键的就是实验的组织工作，即应构建一个严谨、科学、高效的实验组织机构。该机构主要负责测试电气自动化控制系统可靠性的工作人员的相关协调与管理工作，管理实验环境；在实验中搜集并整理相关数据，分析对比实验结果，对实验结果进行深入全面的分析，经过讨论分析后获得实验结论。除此之外，该机构还应注意调配工程师、设备制造工程师、实验现场工程师间的工作。

六、提升电气自动化控制系统可靠性的对策

为了提高电气自动化控制系统的可靠性，应掌握系统的特殊性，并根据科学的设计方法，从设备元件的气候防护、散热保护、正确的选择与使用方便，确保系统可以在可靠的环境中保持自身的稳定性和安全性。尽于此，下面从七个方面提出了提升电气自动化控制系统可靠性的对策。

（一）生产角度的保护

为了提高电气自动化控制系统的可靠性，不论是设备的加工精度还是零部件的加工精

度，都应满足当前的技术基本要求，而不能盲目地追求高精度。只有实现产品性能和精度等级相适应，才能确保生产成本的有效降低。或者，对电气自动化控制系统装备进行简化，使得选配元件和修配元件不断减少，使电气设备中的元器件、零部件的规格和品种减少，尽量使用生产厂家配备的通用产品或零部件，以此提高电气自动化控制系统的可靠性。此外，在保证产品性能指标不变的同时，应该尽可能地降低精度等级，简化装备，避免精配、特配，以保证减少人力的不必要消耗，便于生产厂家的大量生产及二次维修，以提高电气自动化控制系统的可靠性。

（二）电子元件的选用规则

在选择电子元件时，要根据不同的工作环境和电路性能选择最适合的元件，并且元件的质量等级、性能参数和技术条件都应符合电气自动化控制系统的要求，同时预留一定的元件作为备用；应仔细比较不同制造厂家元件的规格、型号、品种等方面，选择最优质的元件；对元件进行抽样质量认证，观察并记录元件在使用中的所有数据，并将其作为今后电子元件在不同电路中的选择依据。

（三）电气设备的气候防护

由于电气设备中的元件容易受环境影响，如污染气体、气压、霉菌和潮湿等环境，尤其是潮湿环境会对电气设备造成不可逆的损害。当电气自动化控制系统长期处于高湿低温的环境中时，会使电气设备电路板出现凝露现象，进而限制信号的传输，导致系统发生故障。

（四）设计阶段的保护

通过设计阶段的保护，可以提高电气自动化控制系统的可靠性。首先，在研发产品时应严格规范产品的设计参数，确定产品的功能与用途，确定整套设计方案；其次，根据产品类型和使用特点，对产品结构进行整体构思，使产品具备实用性；最后，保证产品元件具备一定的操作、维修性能，避免后期产生大量的维护系统的费用。

（五）电气设备的散热防护

温度对电气自动化控制系统可靠性的影响非常大。一般的电气设备在工作时，能量大多为热能的形式散失，特别是那些高能耗的元件，如大功率电阻、大功率晶体管、边压管、电子管等。但是，如果电气自动化控制系统所处的环境温度过高，电气设备在运行中得不到有效的散热，进而会使电气设备的温度逐渐升高，最终影响整个系统的正常运行。

（六）产品设计的研究

要想提升电气自动化控制系统的可靠性，要加强零部件和产品技术的研究，按照产品的设计参数，确保产品的使用条件、使用性能，保证设计方案的合理性。除了要考虑产品的类型、结构形式之外，还需考虑产品质量。同时，在确保产品性能的基础上，应根据价值工程观念，研究经济性的生产方式，开展零部件的设计，在满足产品技术的条件下，选择合理性、经济性的元件，进而降低产品的生产成本，提高电气自动化控制系统的可靠性。此外，对于产品结构而言，要做到构思全面和周密设计，保证产品的使用性能、操作性能与维修性能，促使电气设备的使用费用、维修费用最小化，有效地降低系统的运行成本，提高系统的可靠性。

（七）及时排除故障

要提升电气自动化控制系统的可靠性，必须定期维护系统。需要注意的是，在检查系统时，单纯的目测法很难真正查明原因，一定要注意结合电气设备零部件的结构及各部分的运行原理来进行检测，防止出现盲目检修的现象，以此提高电气自动化控制系统的可靠性。在排除故障的过程中，要把主电路作为排除故障的切入点，检查整个电气自动化控制系统的电动装置，排除线路故障。在检查过程中，一旦发现故障要及时采取处理措施，认真做好故障排除工作，可以提高电气自动化控制系统的可靠性。

总的来说，要提高电气自动化控制系统的可靠性，应加强对系统设计的重视程度，融合多种先进的技术方法，严格遵守规定的流程、按时维修，才能尽可能地保证使用效果。

第八章　电气自动化工程中的智能化应用

随着社会经济和科学技术的发展，智能化技术的不断创新，电气工程及其自动化受到了广泛的关注，在电气工程及其自动化中也得到了普遍的应用，使得电气工程及其自动化早已经脱离传统的概念范畴，被赋予了更丰富的意义。如今的智能化技术的应用，已成为现代科技领域中电气发展的重要方向，同时这也是本章研究的重点。本章首先介绍电气工程及其自动化，再分析相关的智能化技术应用的特点和优势，然后探讨和研究智能化技术在电气工程及其自动化中的应用现状和未来发展趋势，并对此提出相关的建议，最后再进行全文总结。

第一节　电气工程智能化概述

电气工程及其自动化是指电工程及其自动化（Electrical Engineering 简称 EE），这是一门综合性较强的科目，涉及机电一体化技术、电力电子技术、计算机技术，电机电器技术信息与网络控制技术等多个学科的交融学习。传统的概念认为用于创造产生电气与电子系统的有关学科的总和就是电气工程，实际上它的现实意义早已超出原来定义的范畴了。它现在指的是几乎涵盖了所有的与电子、光子有关的所有工程行为。另外，如今的电气工程自动化极容易受到信息技术的发展、物理科学知识的应用还有技术的发展和变化的影响，所以中国自身的电气工程及其自动化在向国外借鉴和学习的基础上还要结合自身经济发展和国情的需要适时调整，适时改进。

近年来，我国的电气自动化产业得到了充足的发展空间，电气工程技术也得到了显著的提高，这对我国的科技产业具有重要的推动作用。电气工程的智能化发展是信息化时代的必然产物，也是顺应社会需求、国民进步的重要发展手段，因此，针对电气工程智能化的管理与规范还需要进一步加强与完善。

电气工程的智能化技术，是一种依托于计算机科学技术的电子信息科学技术，它对医疗、生物、工业等各方面的发展都有促进作用，尤其是对于一些危险系数高、精确密度高等具备高要求的产业具有稳定的发展效果。除此以外，电气工程自动化智能化的发展更是推动了人力资源的大大解放，一定程度上促进了人力资源的高效利用，进一步提高了工业化产业的工作效率，这是科学技术智能化发展的必经之路，也是信息化时代进步的必要手段。由此可见，针对电气工程智能化技术的深入与研究势在必行。

由于电气工程的控制对象具有多样性、差异性、不确定性的特点，对于电气工程控制器的需求也是各不相同的，这种被控制对象之间的显著变换性为电气工程的自动化控制增加了难度，电气工程智能化正是解决这些难题的重要手段，对今后电气工程技术水平的提高与发展具有重要作用。针对机械智能化的控制标准是电气工程智能化技术得以实现的基础，只有加强机械智能化的控制与管理，才能使得电气工程自动化得以正常运行，才能使得电气工程智能化的进程得以不断进步与发展。

一、电气工程智能化标准统一

智能化电气工程的发展具有电气工程自动化自身的标准，在这一标准的基础之上，加强电气工程的管理与规范，是提高技术水平一致性的重要步骤。只有实现了电气工程自动化的合理控制，才能使得电气工程的控制效果达到最佳状态。智能化电气工程具有精确的衡量标准、高效率的工作能力，借凭借这一特点，电气工程的控制就更加的便利，其后续工程的调试与维护也就更加方便。通过对智能化电气工程标准的实现，将更有利于电气工程的自动化机械部件的控制，以便于自动化技术控制更快、更好地实现。

二、建立电气工程智能化模型

由于传统的电气工程控制技术并不完善，存在一定程度上的缺陷与不足，所以，针对电气工程自动化的控制长时间会处于一个负载的状态，这并不利于电气工程的完成与发展。更不利于对客观性问题标准的估计与衡量。电气工程智能化模型的建立，是对电气工程产业发展的一大变革，它可以提前为电气工程提供较为贴近实际的估算值与预测值，为电气工程自动化提供相应的模型标准，更有利于维持电气工程的精确度、准确度。电气工程智能化模型的建立，是对于电气工程的行业突破性发展，有利于电气工程统一性控制的加强，对于电气工程的实际应用更具有显著的促进作用。

三、便于加强对电气工程的调控

智能化的电气工程对于工程自身的系统有着严格的高要求、高标准，而这一数据是可以通过智能化技术自身得以调控与控制得以实现的。智能化电气工程对于电气设备的统一控制标准，一方面是对电气工程自身的严格把控，另一方面，这对相关工作人员来说也是一种可以减轻工作量的发展方式。统一化的电气工程标准具有固定化的发展方式、细节化的发展时间与定量化的发展顺序，这一电气工程自动化系统的发展得益于电气系统的自身调节能力，它不但细化了电气系统的工作，提高工作效率与工作质量，这是对人力资源的一大解放，有利于无人化智能管理的实现。

第二节　智能化技术的特点和趋势

智能化技术是一种高科技的控制技术，这种先进的科学技术在实现电气工程自动化持续、稳定发展有着重要的作用。智能化技术是指在工作时更高效化、自主化和无人操作化。智能化技术最显著的特点是可以自动化生产、可以灵活地操控，并且符合环保的特色，具备优质的产量，而且信息的合成率比较高。资源的优化性能也很高。电气智能化设备的系统具备非常明显的特点，可以通过自我检查和调控来操控整个生产过程，无须人过多的操作。这样的智能化设备有自检系统，可以通过系统网络来进行自我检测和评估，检测到哪条线路和电网出现问题，可以及时解决。另外，它具有灵活性，可以通过自动化电力系统了解到更多的产业信息，也可以通过信息进行大规模的接入，智能系统和现在的电力范围市场交易进行了连接，减轻管理中的超负荷工作，实行最为简单的资源优化，强化系统管理。

电气工程自动化运用智能化技术来提高电气自动化的工作效率的，作为智能化技术在电气工程及其自动化中应用的主要目的，也是其优势所在。它不仅可以促进电气工程发展，还能降低成本，节省人力物力。还有效地解决了传统控制的弊端和系统稳定性的问题，并不断地提升了电气设备运行的智能化程度，也提高了电气工程自动化的效率。经过分析研究后，可以了解到智能化技术在电气工程自动化中更主要的优势是它能使电气工程自动化拥有更完善的控制系统，还简化了电气工程的控制流程，使其在结构上更合理，效率也得到极大的提升。

电气自动化发展趋势策略有如下几方面内容。

一、优化电气工程的设计功能

由于电气工程具有高精密性、高标准的要求，所以，电气设备自身也具有十分复杂的设计工程，这就对电气工程的技术人员具有更高标准的严格要求。在加强对于电气工程的管理与控制的过程之中，技术人员是处理与维修电气设备的主要动力，因此，相关设计人员不但需要具备相关设计经验与设计能力，更需要加强对于电学、磁力学的学习与认知，才能使得电气设备在投入实际应用之时的智能化应用效果不受影响，保障电气设备的设计质量，使得电气设备的运行得到有效改进与加强。

二、发展电气工程地自动化诊断

智能化电气工程与传统电气工程的最大优化点在于智能化电气工程自身具备运行与诊断能力，一旦电气设备发生故障，智能化设备自身便可以及时的进行诊断，同时，分析出造成故障的主要原因与问题原理，这对电气工程高效运行具有促进作用。通过对电气工程的精确性控制，可以在依托于计算机技术的基础之上，采用辅助性的软件，及时的诊断发现电气设备故障问题所在，以便于技术人员在第一时间对设备进行处理与维修，从而实现电气工程的工作效率的提高、工作效益的大大增强。

电气工程自动化技术智能化发展态势是促进电气工程创新发展、稳定提高、安全进步的重要手段，除此以外，加强电气工程的智能化管理更是有效提高电气自动化运行能力、降低失误与故障问题出现概率、促进电气工程稳定运行的有效措施。推行电气工程及其自动化的智能化技术是历史发展的必然趋势，也是未来社会管理电气工程发展的主要控制模式。针对电气自动化水平的提高，仅局限于现今的调查成果是远远不够的，还需要今后在实践发展中进一步探索与研究，才能促进我国电气工程自动化水平的不断增强，从而实现我国智能化产业技术的创新与增强。

第三节　智能化电气的应用

经过综合分析和研究表明，当前智能化技术在电气工程及其自动化技术中的表现分别是智能控制、故障诊断、优化设计和无功补偿这四方面。智能控制是首要也是关键，因为它实现了电气工程自主化控制，应用在电气系统的信息处理，记录系统故障和计算机系统对电气系统的实时监控等方面。智能化的故障诊断能全面而又精确的诊断电气系统在运行过程中发生的故障。电气工程的优化设计，设计的环节和过程是非常繁琐和复杂的，需要专业的设计人员利用智能化技术针对电气系统进行设计。虽然设计过程非常复杂，但它使智能化技术变得更加实用和方便，也更能节省材料和费用。无功补偿，功指的就是电功率，无功补偿的智能技术的运用，可以通过记录电力相关的参数后，再根据这些参数选择无功补偿的设备，通过安装设备实现补偿，以减少电力消耗来实现平衡。其实，智能化技术在电气工程及其自动化中的具体应用还有很多，例如神经网络控制技术、计算机技术、精密传感技术，GPS 定位技术等相关的综合应用。随着产品市场竞争的日趋激烈，智能化产品的优势更加突出，在实际操作和应用中得到广泛的使用。

另外，智能化技术在电气工程自动化中的发展主要是系统功能和体系结构。从系统功能看，运用了高性能的 PLC 技术，直接通过窗口和菜单操作，插补和补偿方式更加多样化。体系结构发展更加集成化、模块化和网络化。在未来，智能电网是电力的发展方向，而发展的重点是电力设备制造商要实现发、输、变、配、用电在整个环节的管控一体化和互动化，满足智能电网的需求以提供发电到用电整个价值链中的自动化，这无疑是未来电力市场的核心所在。为将电力设备的智能化引入纵深，国家电力建设中需要将新型的电子式互感器、先进的传感器技术、预防性维修的智能组件和基于通用网络通信平台的变电站自动化系统提高到国际标准。在未来发展中实现对电力的自动化监视与控制，能有效保障供电可靠性和供电品质，并且有利于合理安排生产计划，节约电力成本以及检修成本。为满足社会经济发展要求，未来国家会对智能电网加大建设，电力设备的智能化将是整个建设环节中的关键。

第四节　电器智能化

一、电器智能化的发展

电器智能化发展的表现形式就是智能电器的发展。电器在国民经济的各部门和国防领域均占有非常重要的位置，起着不可或缺的作用。电器的主要发展趋势是高性能、高可靠、小型化、电子化、数字化、组合化、集成化、多功能化、智能化及可通信化或网络化，其核心是智能化和网络化。随着现代信息电子技术、电力电子技术、微机控制技术、现代传感器技术、数字通信技术及计算机网络技术的多学科交叉和融合，电器逐渐向智能化发展，出现了各种智能电器。

微处理机和计算机技术引入电器设备，一方面使电器设备具有智能化的功能，另一方面使开关电器，包括智能化断路器和智能化电动机控制器实现与中央控制计算机双向通讯。进入 20 世纪 90 年代，随着计算机信息网络的发展，配电系统和电动机控制中心已形成了智能化监控、保护与信息网络系统。

关于智能电器的定义或阐释已经有很多，如：智能电器是指能自动适应电网、环境及控制要求的变化，始终处于最佳运行状况的电器。这里从构成智能电器的核心部件及其功能出发，给出智能电器的定义：智能电器是以微控制器或微处理器为核心，除具有传统电器的切换、控制、保护、检测、变换和调节功能外，还具有显示、外部故障和内部故障诊断与记忆、运算与处理以及与外界通信等功能的电子装置。

智能电器的核心部件为微控制器或微处理器，与传统电器相比，智能电器的功能有“质”的飞跃；智能电器是电子装置，而传统电器是电气设备。具有现场总线接口以实现可通信 / 网络化是现代智能电器的重要特征和主要发展趋势。

根据国内外电器产品和研究动态来看，智能电器具有以下发展趋势：智能电器产品化：将智能电器制成相对独立的通用性产品，使其适用范围不仅限于开关、保护作用。

20 世纪末，国际上一些著名的大公司基于 CPU 技术不断进步和发展，纷纷推出新一代的智能型可通信的低压断路器，比如施耐德公司的 M、MT 开关，西门子公司的 3WL3VL 断路器，ABB 公司的 F、Emax 等系列低压断路器。西门子公司推出的新一代断路器 SENTRONWLVL 较以前产品有了很大的提高。特别是在网络连接方面，具有 Profibus—DP、CubicleBUS 以太网、RS—232C 等多种总线接口（CubicleBUS 为断路器内部数据总线）。西门子通过模块化结构和内部数据总线使 SENTRON 可以方便灵活地配置和减少内部接线。施耐德公司的 Masterpct 系列断路器支持 Modbus 和 BatiBUS，同时还提供用于连接 Profibus 和以太网的外置网络模块。

（一）智能电器电子化

随着半导体集成技术、微电子和计算机技术的迅猛发展，智能电器的控制能力越来越强，将从常规的电压、电流、功率等电参数的智能化监测与控制方面，发展到对诸如触头材料磨损、灭弧室温升等非参数的监测 Lj 控制等方面。

智能和通信化：电器中采用微处理器，从而具有应用软件，这样在硬件不变的情况下具备较大的适用性和升级能力，在电器中加入相关的监测、判断和通信等芯片或电路，使电器的各种状态和工作参数能通过传输媒介（如现场总线、串口线等）与线路的其他电器设备进行信息交流，以适应当前电器设备智能及网络化的发展趋势。目前一些主要断路器厂商虽然尚未在自己的产品中支持以太网技术，但都为用户提供连接以太网的解决方案，大多采用协议转接方法对以太网进行支持。西门子公司主推 Profibus 现场总线，断路器产品通过通信模块连接至 Profibus 总线，然后通过 Profibus 网络的主站连接至以太网。断路器附件 BDA（断路器数据适配器）则起到远程或就地调校工作，不用于现场监控通信场合。施耐德公司通过 ECX 或 CM4000+ECC 实现 Modbus 协议与 TCP/IP 协议的转换。

在我国，电器通信的要求可体现为遥测、遥控、遥讯和遥调，这距离网络化还有很大的差距。我国低压断路器的可通信技术这几年也有了长时间的发展，以上海电器科学研究所（集团）有限公司为主的研究机构正致力于现场总线技术的研究和开发。常熟开关制造有限公司成功地运用 Modbus、Profibus、DeviceNet 等总线技术实现了低压 CW1 万能式断路器、CM1Z 智能型可通信塑壳断路器的可通信。我国自行研制的第 3 代万能式断路器 DW45 系列中，常熟开关制造有限公司生产的 CW1 智能型万能式断路器是典型产品。该系列产品以智能型控制器为核心，具有三段保护功能，并可通过 RS—485 进行通信，实现“遥测、遥控、遥调、通信”等 4 大功能。

（二）模块化

模块式结构给产品设计、制造及市场适应能力带来了许多好处，诸如降低产品设计、制造和新产品开发的复杂性，增强了功能扩展，维护更加方便。

二、国内智能电器的现状及发展趋势

（一）智能电器

微处理机和计算机技术引入电器设备，一方面使电器设备具有智能化的功能，另一方面使开关电器，包括智能化断路器和智能化电动机控制器实现与中央控制计算机双向通讯。进入 20 世纪 90 年代，随着计算机信息网络的发展，配电系统和电动机控制中心已形成了智能化监控、保护与信息网络系统。

智能化断路器与电动机控制器是开关柜和电动机控制中心实现智能化的主要电器元件。微处理器引入断路器，首先使断路器的保护功能大大增强。诸如：它的三段保护特性中的短延时可设置成 12 特性，以使与后一级保护更好地匹配；接地保护可实现选择性，对断续的电弧接地故障可带记忆功能。

目前自动化控制中使用大量的软起动器、电力电子调速装置和不间断电源等，这些装置都会使配电系统产生高次谐波，而模拟式电子脱扣器一般反映故障电流的峰值，因而电源的高次谐波会造成断路器的错误动作。而带微处理器的智能化断路器的中央处理单元能准确反映负载电流真实的有效值（RMS 值），它的采样和保持电路能消除输入信号中的高次谐波，因而能避免高次谐波造成的误动作。

智能化过载继电器与传统的双金属热继电器相比，具有一系列的优点，它能保护多种起动条件的电动机，具有很高的动作可靠性。它不但可以保护电动机过载与断相，并可保护接地、三相不平衡、反相或低电流等。在智能化电动机保护继电器基础上进一步开发的智能电动机控制器，兼有监控、保护和通讯的功能。

由智能电器单元与中央控制计算机组成的网络系统与传统的配电系统与电动机控制中心相比有以下优点：实现中央计算机集中控制，提高了配电系统自动化程度；使配电、控制系统的调度和维护达到新的水平。由于采用数字化的新型监控元件，使配电系统和控制中心向上提供信息量大幅度增加；监控元件和传统的指示和指令电器相比较，接线简单、便于安装，提高了工作的可靠性；可以实现数据共享，减少信息重复和信息通道。

（二）可通讯电器与信息电器

网络通讯的发展，要求用户和设备之间的开放性和兼容，因而制定一个统一的通行协议是亟待解决的一个关键问题。目前由智能化电器与中央计算机通过接口构成的自动化通讯网络正从集中式控制向分布式控制发展。现场总线技术的出现，不但为构造分布式计算机控制系统提供条件，并且它即插即用，扩充性好，维护方便，因而目前这种技术成为国内外关注的焦点。

现场总线是连接智能化现场设备和控制室之间全数字化、开放的双向的局部通信网络。现场总线种类很多，比较有影响的有：CAN、Lonworks 和 Profibus 等。它们各有特点和优势，在不同领域有不同的应用价值。但也正是现场总线技术多种多样和通讯标准，给这种技术的发展带来不利的影响。目前国际电工委员会和现场总线基金会正致力于现场总线标准的统一，我国有些单位也在做这方面工作，我们把基于现场总线技术，具有通信功能的电器称为可通讯电器。

目前现场总线技术正向上下两端延伸，上端和企业网络的主干 Ethernet、Intranet 和 Internet 等通讯，其下端延伸到工业控制现场区域。这方面有西门子公司的 AS 接口和罗克威尔公司的 Devicenet 两种总线系统，这两种总线应用于低层区域，是一种低成本的通信连接，它把工业控制用的传感器和执行器，包括限位开关，光电传感器，电动机起动器、按钮指示灯、多功能继电器等简单的控制元件作为从设备连接到网络，与作为主设备的控制计算机或可编程逻辑控制器（PLC）进行通信。传统的继电器、接触器控制系统的触点转换信息变成二进制数字信息通过串行接口和寻址进行通信，这使传统的控制元件也有了革命性的变革，例如西门子 AS 总线系统中应用的 Logo 多功能继电器实际上是一个小型的 PLC，它能起延时、门锁、计数器和脉冲继电器等功能。

使智能电器进一步实现信息化，是使智能电器在现场级实现 Internet/Intranet 功能，其技术核心是实现 TCP/IP 协议。把 TCP/IP 协议嵌入到智能电器的 ROM 中，使得信号的收发都以 TCP/IP 方式进行，进一步发展智能电器的信息化功能。利用 Internet/In—tranet 功能，对现场的智能电器进行远程在线控制、编程和组态等，这使智能化电器进入了信息电器的新时代。

（三）智能脱扣器

脱扣器的定义是随着其功能不断变化的。在早期，脱扣器可定义为在大于额定电流值的过电流（故障电流）流通时使操作机构脱扣跳闸，从而达到断路器自动分闸的机构。而随着过电压、欠电压脱扣器、分励脱扣器的发展，特别是现在脱扣器智能化、可通讯化的发展，脱扣器的功能是越来越强，附加功能也越来越多。上面对脱扣器简单的定义显然已不符合实际情况。

现在，我们把能使断路器实现对电气设备免受过载、短路、欠电压、过电压等故障的危害的各种保护功能的机构统称为脱扣器。而具备电路参数检测和信号处理的则称为电子式脱扣器；配置微处理器系统，而且能实现通信化的称为智能型脱扣器。

1. 脱扣器的现状

脱扣器是随着断路器的发展而发展的。我国九十年代前的脱扣器产品以电磁式和热式为主，有少量的电子式和智能化的脱扣器产品。而国外在脱扣器的电子化和智能化研究和制造方面则走在前面，现在大约领先我国 5~10 年。

智能化脱扣器能使断路器具有更强大的功能。我国新研制开发的 DW45 系列等产品的脱扣器已具有与工控机、PLC 等通讯的功能，能够提供开关状态、三相电流、电压、功率因数、有功功率等参数。在通信化方面，各国都比较重视采用比较成熟的现场总线技术。我国当前主要采用 FCS 现场总线系统。

智能化脱扣器可实现过电流，电压和分励等传统脱扣器的功能。在硬件上，微处理器模块、辅助功能模块和执行单元都可以是相同的，对电流和电信号处理、显示等的不同，可以在软件设计里实现。另外，过电流保护功能需要配置过电流信号检测单元，而电压保护则需配置电源、整波滤波、稳压、欠压延时等单元，分励功能只需增加一个开关即可。

2. 智能脱扣器的发展趋势

根据国内外电器厂商已推向市场的新产品和研究动态来看，智能脱扣器具有以下发展趋势：

①智能化脱扣器的产品化：即将智能脱扣器做成相对断路器独立的通用性的产品，使其使用范围不仅限于某种断路器，而且脱扣器的检测和维修也会相对简单。以前断路器产品的测试必须在断路器整个设备装配完成后才能进行，而脱扣器产品化以后，测试可以独立于断路器进行，这使得整个断路器的测试程序大为简化，而测试时间也大为减少。

②脱扣器的电子化：随着半导体集成技术，微电子和计算机技术的迅猛发展，智能脱扣器控制的能力越来越强，将从常规的电压、电流、功率等电参数的智能化检测与控制，发展到对诸如触头材料磨损量，灭弧室温升等非电参数的检测与控制等方面。

③智能化和可通信化：智能化与电子化最大区别就是其采用了微处理器。从而具有应用软件，这样在硬件不变的情况下具备较大的适用性和升级能力，可通信化是在脱扣器产品中加入相关的检测、判断和通信等芯片或电路，使脱扣器的各种状态和工作参数能较好地通过传输媒质（如现场总线、串口线等）与线路上的其他电气设备进行信息交流，以适应当前电气设备智能化及网络化的发展趋势，而采用现场总线则使技术上有了较统一的标准，也使得脱扣器测试、检测和维修等有了更多的参考数据。电气产品检测、工作电路的集成化甚至芯片化也是当前的趋势。

在我国，脱扣器可通信化的具体要求可体现为“四遥”——遥测、遥控、遥讯和遥调，这些要求距离网络化能力还有很大的差距，但比较符合我国科研水平和经济水平。

④模块化，通用性：模块结构给产品设计、制造及市场适应能力带来了许多好处，诸如降低产品设计、制造和新产品开发的复杂性，增强了功能扩展，维护方便，产品的市场应变能力强等。模块化设计及尺寸、零件等具有通用性，无论在生产者的设计、制造和技术继承等方面，还是在用户使用、维修中的作用及重要性，当前都已为多数人所认识。

另外，提高脱扣器的高可靠性、高稳定性，操作方便与安全方面也是发展的主流趋势。对我国的产品，在材料和加工工艺，产品的外观和整体布局也是值得注意的方面。

智能脱扣器具有以上的这些功能和特点，一方面可以在同一台断路器上实现多种功能，使单一的动作特性有可能做到一种保护功能多种动作特性；另一方面可以使断路器实现与中央控制计算机双向通讯，构成智能化的监控、保护、信息网络系统，使断路器从基本保护功能发展到智能化的保护功能。

（四）智能电器的关键技术

1. 检测和传感技术

线路上的电参数测量时，电压通常用电压传感器（变压器），而电流常用电流传感器（电流互感器），后者有实心和空心之分，两者各有利弊。采用实心电流互感器在小电流时线性度虽好，但大电流时铁心易于饱和，线性度差，测量范围小；采用空心电流互感器，线性度好，测量范围广，但在小电流时，信号较小，测量误差大。要提高小电流的测量精度，必须改变互感器线圈匝数，增加互感副边输出信号。但是小电流时，若副边输出信号过大，大电流时则信号难以采样，甚至破坏电路的正常工作。因此，要提高小电流时的测量精度，同时兼顾电流的测量范围，实现全范围电流的精度测量。

另外，信号检测单元在采用适当的传感器后，还应该采取各种信号放大器对电信号进行适当的放大，采取噪声滤波器进行噪声滤波等电路。此外，需要考虑的因素还有很多，如输入输出的特性、灵敏度、频率响应、时间常数、温度系数、测量范围等，是实现电器产品智能化的关键技术之一。

2. 微处理器及其接口技术

①对微处理器的基本要求是具有硬件通用化、应用灵活化、记忆、计算、查表能力，指令系统适合实时控制、执行速度快等一系列优点，因为这是智能化电器的核心。目前微处理器已经形成多系列、多品种局面，我国当前用得较多的是 MCS—51 系列，有 10 多种型号。

②接口技术指微处理器与外围设备之间联系的技术，即包括硬件，也包括软件的技术。接口电路多种多样，常用的有微处理器通用接口，键盘、显示器接口、打印机接口，A/D、D/A 接口等。

3. 应用软件设计技术

可以说软件是智能元件的灵魂，微处理器与数字电路的本质区别就在于它具有软件系统，很多硬件电路能实现的，软件也能做到，因此在硬件电路设计时，有时可以考虑用软件来部分或全部实现。

由于脱扣器的工作特点，快速反应对工作性能的作用不言而喻，在加强传感器技术研究的前提下，采用先进的算法也是很有必要的。而且，为了能够早期检测增加的短路电流值，仅检测现在电流值是不够的，必须能够预测电流的变化趋势。可以通过观察相电流的一阶或多阶导数 di(t)ldt 获得，即对所预测情况的实际电流 i(t) 和它导数之间的联系进行跟踪。这也需要先进复杂的算法。

4. 干扰技术

智能化电器的发展，使电磁兼容性 EMC 变成越来越重要的问题。EMC 要求包括两种含义：一方面要求智能电器在使用场合工作时，不受外界电磁干扰而引起误动作；而另一方面要求电器操作产生的电磁场不干扰附近的电子设备。目前国外对智能化电器和机电一体化产品的 EMC 问题非常重视，因为电磁干扰会引起这类系统失灵而误动作，会造成巨大的经济损失。智能化电器和其保护、监控系统把敏感的数字电器元件处于强电流及高电压电磁场中，使这些设备的电磁抗干扰能力在设备设计和运行中已经成为不可忽视的因素，因而在国外智能化电器及其系统在设计初始阶段即制定严格的电磁兼容控制与管理计划。该计划主要包括产品或系统 EMC 分析，制定 EMC 设计技术指标、设计计划、标准、实施计划与测试方法等，并把这一计划作为产品或系统设计的重要一环，EMC 分析和设计是为了达到 EMC 技术要求的关键工作，包括分析电子线路的辐射程度及抗干扰能力以及系统集成的电磁兼容性能；EMC 设计包括电磁屏蔽、接地、导线间距的确定，以及考虑印刷电路板布线之间的电磁耦合等。目前随着高频电磁场数字分析和计算机硬件的发展，采用现代仿真技术取代传统的测试方法和经验分析方法，已在 EMC 分析中起到越来越大的作用。

电子电器的干扰来自各方面，有电气干扰，环境温度变化以及气压、振动、时间等各种因素，其中电气干扰是各类干扰中的主要因素。干扰通过各种线路侵入微处理器系统，也是以场的形式从空间侵入微机系统，供电线路是电网中各种浪涌电压入侵的主要途径。抗干扰有硬件抗干扰、软件抗干扰，也有软硬件相结合的措施。硬件抗干扰具有效率高的优点，但要增加系统的投资和设备的体积；软件抗干扰有投资低的优点，但要降低系统的效率，因此分析干扰源及干扰波的传播途径，合理选择抗干扰措施是智能化电器产品设计和应用的重要内容。

5. 可靠性技术

电子产品的可靠性涉及的范围很广，诸如元器件的可靠性、技术设计、工艺水平和技术管理等共同决定了电子产品的可靠性指标。提高产品的可靠性，必须掌握产品的失效规律，只有对产品的失效规律进行全面的了解，才能采取有效的措施来提高产品的可靠性。智能化电器产品在实现基本功能的基础上，还要实现很实用的辅助功能。具体辅助功能如下：

①电流电压显示功能；

②对脱扣器各种参数的整定功能；

③试验功能；自诊断功能；

④通讯接口功能；

⑤远端监控和诊断功能；

⑥负载监控功能；

⑦模拟功能等。

参考文献

[1] 方宁，姜蕙. 电气自动化技术专业中高本贯通人才培养体系的构建与实施 [M]. 西安：西安交通大学出版社，2019.

[2] 冯景文. 电气自动化工程 [M]. 北京：光明日报出版社，2016.

[3] 郭廷舜，滕刚，王胜华. 电气自动化工程与电力技术 [M]. 汕头：汕头大学出版社，2021.

[4] 何良宇. 建筑电气工程与电力系统及自动化技术研究 [M]. 文化发展出版社，2020.

[5] 华满香，刘小春，唐亚平，等. 电气自动化技术 [M]. 长沙：湖南大学出版社，2012.

[6] 李付有，李勃良，王建强. 电气自动化技术及其应用研究 [M]. 长春：吉林大学出版社，2020.

[7] 连晗. 电气自动化控制技术研究 [M]. 长春：吉林科学技术出版社，2019.

[8] 沈姝君，孟伟. 机电设备电气自动化控制系统分析 [M]. 杭州：浙江大学出版社，2018.

[9] 王雪梅. 电气自动化控制系统及设计 [M]. 长春：东北师范大学出版社，2017.

[10] 魏曙光，程晓燕，郭理彬. 人工智能在电气工程自动化中的应用探索 [M]. 重庆：重庆大学出版社，2020.

[11] 徐科军，陶维青，汪海宁，等. DSP 及其电气与自动化工程应用 [M]. 北京：北京航空航天大学出版社，2010.

[12] 许明清. 电气工程及其自动化实验教程 [M]. 北京：北京理工大学出版社，2019.

[13] 许志军，王光福. 电气自动化控制技术实训教程 [M]. 成都：电子科技大学出版社，2011.

[14] 杨剑锋. 电力系统自动化 [M]. 浙江大学出版社，2018.

[15] 张景库. 电气自动化技术与实训 理论部分 [M]. 北京：煤炭工业出版社，2015.